U0189174

科技强国梦

《辉煌中国》编写组 编

中国科学技术出版社
·北 京·

图书在版编目（CIP）数据

辉煌中国　科技强国梦 /《辉煌中国》编写组编．—北京：中国科学技术出版社，2019.9

ISBN 978-7-5046-6886-8

Ⅰ. ①辉⋯　Ⅱ. ①辉⋯　Ⅲ. ①科学技术—技术发展—成就—中国　Ⅳ. ① N12

中国版本图书馆 CIP 数据核字（2019）第 180751 号

总 策 划	秦德继
策划编辑	吕建华　赵　晖　许　慧　付万成
责任编辑	赵　佳　夏凤金　赵　晖　郭秋霞
封面设计	李学维
正文设计	中文天地
责任校对	焦　宁
责任印制	李晓霖

出　　版	中国科学技术出版社
发　　行	中国科学技术出版社有限公司发行部
地　　址	北京市海淀区中关村南大街 16 号
邮　　编	100081
发行电话	010-62173865
传　　真	010-62173081
网　　址	http://www.cspbooks.com.cn

开　　本	889mm × 1194mm　1/16
字　　数	585 千字
印　　张	21.25
版　　次	2019 年 9 月第 1 版
印　　次	2019 年 9 月第 1 次印刷
印　　刷	河北鑫兆源印刷有限公司
书　　号	ISBN 978-7-5046-6886-8 / N · 256
定　　价	228.00 元

本书编写组

科学顾问：张履谦　刘嘉麒

编写委员会：王渝生　崔建平　秦德继　吕建华　颜　实　李安平
杨利伟　付万成　田如森　李丽亚　李博文

审定专家（以姓氏笔画为序）：
卢　红　李　金　张新民　胡维佳　谢一冈

编辑委员会：许　慧　赵　晖　赵　佳　夏凤金　郭秋霞

前言

PREFACE

中华民族是勇于探索和创新的民族。

纵观源远流长的历史长河，我们能够看到无数先民创造的辉煌科技成就。这些伟大的科技成就，不仅在人类文明史上写下了浓墨重彩的一笔，更是为现代世界文明的产生和传播指引了方向，贡献了力量。

近代科学产生后，以此武装起来的西方列强依仗船坚炮利，使近代中国陷入备受欺凌的窘迫境地。中国人民为之悲愤、与之斗争，历经无数。正是这段残酷的岁月，激发起无数中华儿女赤诚的爱国心和奋斗精神，激发起中华民族追求科学与民主、坚持自强与自立、誓死捍卫伟大祖国的强大动力。

中华人民共和国成立后，中国共产党根据中国社会主义建设事业发展的需要，适时调整科学技术发展的战略、方针、政策和重点任务，促进科学技术与经济社会的协调发展。中国的科技工作者队伍不断发展壮大，科学研究力量从弱到强，并逐步形成了具有鲜明中国特色、适应中国现代化建设需要的科学技术体系。

70 年的不懈奋斗，70 年的沧桑巨变。在这辉煌的岁月里，一代又一代科技工作者努力拼搏，在一些重要学科领域达到世界领先水平，创造了一个又一个震烁古今的伟大科技成就，令世人瞩目，令国人自豪。国防科技的飞速发展为增强综合国力铸造了坚强的后盾；民用科技的累累硕果为推动经济发展奠定了深厚的社会基础；基础研究的突破创新使我国迅速向世界科技大国强国迈进；不断改善的科研基础条件为我国科技赶超世界先进水平提供了重要支撑；持续壮大的科技工作者队伍为我国科技事业发展提供了强劲动力。

科技发展是经济社会发展的一个重要方面，科技水平和创新能力是一个国家综合国力的体现。新中国成立 70 年来取得的辉煌科技成就，是中国共产党领导中国人民艰苦奋斗、开拓创新的结果，创造这些成果的广大科技工作者是先进生产力的开拓者和先进文化的传播者。钱学森、华罗庚、李四光、吴文俊、王选、袁隆平、屠呦呦等当代科学家的故事伴随着我们的成长。在这个日新月异的年代里，科技工作者的感人事迹并不是少数。更多的科技工作者选择了默默不闻、兢兢业业地为我国科技事业的发展鞠躬尽瘁，他们用智慧与知识绘制了一幅幅美丽的画卷，用拼搏与奉献书写了爱国奋斗的壮丽人生。不忘初心，牢记使命。无论是20世纪50年代海外学子的赤诚报国，还是当下科技人才归国热潮，祖国的强大使无数科技工作者有了心之所向，祖国的复兴是广大科技工作者为之奋斗的理想。

党的十九大报告中指出，从2020年到2035年，我国在全面建成小康社会的基础上，要基本实现社会主义现代化。到那时，我国经济实力、科技实力将大幅跃升，跻身创新型国家前列。在新时期新形势下，我们坚信，在以习近平总书记为核心的党中央的正确领导下，我们一定能够走出一条中国特色的自主创新之路，自强不息的中华儿女将以自主创新的辉煌成就屹立于世界之林！

《辉煌中国——科技强国梦》全景式地介绍了新中国科技事业的发展历程、重大科技创新成就以及为此做出杰出贡献的科技工作者，以此庆祝中华人民共和国成立70周年。

《辉煌中国》编写组

2019年8月1日

辉煌中国 科技强国梦

目录

第 1 章
奠定新中国科技事业的基础

1949年10月1日，中华人民共和国成立，标志着一个旧时代的结束和一个新时代的开始，中国的科学技术发展也进入了一个崭新的时期。

新中国成立伊始，在中国共产党的领导下，开始了大规模的恢复和建设。根据国家经济建设和发展目标，我国科技事业也在党和政府的领导下开始进行有组织、有系统的恢复和建设。国家首先从基础工作开始，批准建立了中国科学院，召开了第一次全国自然科学工作者代表大会，对科研机构进行调整和扩充，组建起新中国自己的科技队伍。

一、百废待兴 走向新纪元

新中国成立伊始，在中国共产党的领导下，中国人民开始了大规模的国民经济的恢复和建设。新中国成立前，由于政治腐败、经济萧条、战乱频繁，国家的科学技术得不到应有的重视和发展，已有科技事业也是机构残缺、人员不足、经济拮据、环境恶劣，与世界先进水平有很大差距。中国共产党清醒地认识到，新中国的科技事业必须有组织、有系统地恢复和建设。为此，新中国成立后，立即把发展科学技术纳入党和人民政府的坚强领导之下，开始着手改变旧中国的衰败状况，力求使科学技术走上正常发展轨道。我国从此开启了科学技术发展的新纪元。

中国科学院正式成立

1949 年 10 月 19 日，中央人民政府委员会第三次会议任命郭沫若为中国科学院第一任院长，陈伯达、李四光、陶孟和、竺可桢为副院长。1949 年 11 月 1 日，根据《中华人民共和国中央人民政府组织法》第十八条，中国科学院正式成立，直属政务院领导。国家最初赋予中国科学院两个职能：一是以新中国经济发展为目标开展学术活动；二是负责行使管理自然科学和社会科学一切事务的行政职能。1950 年，提出我国科学工作的总方针："发展科学的思想以肃清落后的和反动的

∧ 1949 年 11 月 1 日，中国科学院正式成立，郭沫若任第一任院长。

< 1949年10月1日，第一面五星红旗在开国大典上冉冉升起，迎风飘扬。（新华社记者 摄）

思想，培养健全的科学人才和国家建设人才，力求学术研究与实际需要的紧密配合，使科学能够真正服务于国家的工业、农业、国防建设、保健和人民文化生活。”

1950 年 6 月 20—26 日，中国科学院在京举行第一次扩大院务会议。到会百余人，郭沫若、李四光、陶孟和、竺可桢分别作了关于方针任务、思想改造、条例规程、半年工作的报告。经对前中央研究院 24 个单位接管、合并、调整，决定建立 13 个研究所、1 个天文台、1 个工业实验馆。

中国科学院学部成立大会在京召开

1954 年，中国科学院开始筹备建立物理学数学化学部、生物学地学部、技术科学部和哲学社会科学部，其中自然科学方面共推选出 172 名科学家为学部委员。1955 年 6 月 1—10 日，在北京召开中国科学院学部成立大会，宣布正式成立学部。这次大会总结了 5 年来科学工作的基本经验，明确提出了今后科学工作的方针任务及应采取的主要措施。

中国科学院五年科学规划

中国科学院学部成立时，讨论了《中国科学院五年计划纲要（草案）》。根据国家当时的目标、任务和中国科学院的办院方针，提出了中国科学院的五年科学规划，包括 10 项重点任务：①原子能和平利用的研究；②配合新钢铁基地的建设和研究；③液体燃料问题的研究；④重要工业地区地震问题的研究；⑤配合流域规划与开发的调查研究；⑥华南热带植物资源的调查研究；⑦中国自然规划与开发的调查研究；⑧抗生素的研究；⑨中国过渡时期国家建设中各种基本理论的研究；⑩中国近代、现代史和近代、现代思想史的研究。

1955年6月1日，中国科学院学部成立大会在北京开幕。

二、建立基础科研体系

1　2

1. 1950 年 10 月 3 日，新中国第一所新型正规大学——中国人民大学在北京正式成立。（新华社记者毛松友　摄）
2. 1951 年 6 月 11 日，中央民族学院在北京成立。学院的任务是为各少数民族实行区域自治及进行政治、经济、文化建设培养高、中级干部等。（新华社记者　摄）

新中国在科学技术基础十分薄弱的条件下，经过 6 年的初期建设，建立起一支以中国科学院为主要力量的科学研究队伍，初步形成了由中国科学院、高等院校、产业部门、地方科研机构 4 个方面组成的科学技术体系。在中国共产党的领导下，经过我国科研人员的艰苦奋斗，各门基础学科在原有的水平上有了提高，不但解决了国民经济发展中的一些关键问题，也为今后国民经济发展中大量的关键问题打下了坚实的基础，初步形成了门类比较齐全的基础科研体系。特别是一大批从国外归来的科学前辈带来世界科技前沿的信息，奠定了中国科学的基础。

< 张文裕（1910—1992），是我国宇宙线研究和高能实验物理的开创人之一，中国科学院学部委员（院士）。（新华社记者于小平 摄）

张文裕发现 μ 子原子

1949 年，张文裕在美国普林斯顿大学工作期间发现了带负电荷的慢 μ 子，在与原子核作用时，会形成 μ 子原子，并产生电辐射。因此，μ 子原子被命名为“张原子”，它的辐射线被命名为“张辐射”。所谓 μ 子原子，是一种由负介子代替电子沿定态轨道绕核旋转所形成的新型原子，也称为“奇异原子”或“广义原子”。μ 子是质量介于电子和质子之间的一种基本粒子，根据所带的电荷又分为正 μ 子、负 μ 子和中性 μ 子 3 种。张文裕教授发现 μ 子原子之后，一些科学家又发现了其他介子和超子也会形成奇异原子。这些发现对研究物质形态、性质和结构有着重要的价值，同时也导致 20 世纪 70 年代后期介子物理学的兴起。

周培源开创湍流理论研究

周培源在学术上的成就，主要为物理学基础理论的两个重要方面：爱因斯坦广义相对论中的引力论和流体力学中的湍流理论。在广义相对论方面，周培源一直致力于求解引力场方程的确定解，并应用于宇宙论的研究。在湍流理论方面，20 世纪 30 年代初，他认识到湍流场和边界条件关系密切，后来参照广义相对论中把质量作为积分常数的处理方法，求出了雷诺应力等所满足的微分方程。20 世纪 50 年代，他利用一个比较简单的轴对称涡旋模型作为湍流元的物理图像来说明均匀各向同性的湍流运动，并根据对均匀各向同性的湍流运动的研究，分别求得在湍流衰变后期和初期的二元速度关联函数、三元速度关联函数。之后，他又进一步用“准相似性”概念将衰变初期和后期的相似条

周培源（1902—1993），流体力学家、理论物理学家、教育家和社会活动家，中国科学院学部委员（院士）。（新华社记者杨武敏 摄）

件统一为一个确定解的物理条件，并为实验所证实。从而在国际上第一次由实验确定了从衰变初期到后期的湍流能量衰变规律和泰勒湍流微尺度扩散规律的理论结果。

吴仲华创立叶轮机械三元流动理论

1944年吴仲华赴美留学，在美国麻省理工学院攻读的是以研究飞机为主的工程热物理学，毕业后进入美国航空咨询委员会的发动机研究所进行研究工作。经过3年多的研究，吴仲华于1950年在美国机械工程学会的讲台上宣读了他的论文《轴流、径流和混流是亚声速与超声速叶轮机械三元流动的普遍理论》。叶轮机械三元流动理论，把叶轮内部的三元立体空间无限地分割，通过对叶轮流道内各工作点的分析，建立起完整、真实的叶轮内

吴仲华（1917—1992），中国工程热物理学家和航空发动机专家，中国科学院学部委员（院士）。（新华社记者 稿）

流体流动的数学模型。依据三元流动理论设计出来的叶片形状为不规则曲面形状，叶轮叶片结构可适应流体的真实状态，能够控制内部全部流体质点的速度分布。因此，运用叶轮机械三元流动理论设计的叶轮，装在水泵内，可显著提高水泵运行效率。美国的波音 747 和三星号飞机是当时最大的宽机身民航机，它们能呼啸长空，就是根据吴仲华的叶轮机械三元流动理论制造的。1954 年 8 月 1 日吴仲华回国，随后担任了清华大学动力机械系副主任的职务，在他主持下，开办了新中国第一个燃气轮机专业，为祖国培养了许多优秀科学人才。

黄昆创立极化激元理论

黄昆是中国固体物理学先驱和半导体技术的奠基人。他于 1951 年提出黄昆方程，首次提出了光子与横光学声子相互耦合形成新的元激发——极化激元，后来为实验所证实，是国际上公认的声子极化激元概念的首先提出者。黄昆的名字是与多声子跃迁理论、X 光漫散射理论、晶格振动长波唯象方程、半导体超晶格光学声子模型联系在一起的。他致力于凝聚态物理的科学研究和教育，以勤奋、严谨、严于律己和诲人不倦而著称，为国家培养了一大批物理学家和半导体技术专家。

∧ 黄昆（1919—2005），物理学家、教育家，中国科学院学部委员（院士）。（新华社记者　摄）

∧ 钱学森（1911—2009），物理学家，世界著名火箭专家，中国科学院学部委员（院士），中国工程院院士。

钱学森开创工程控制论

第二次世界大战结束后，钱学森对于迅速发展起来的控制与制导工程技术作过深入观察与研究，并取得了一定的进展。钱学森将维纳控制论的思想引入自己熟悉的航空航天领域的导航与制导系统，从而形成一门新学科：工程控制论。1954 年，钱学森的著作《工程控制论》在美国出版，他以技术科学的观点，将各种工程技术系统的技术总结提炼为一般性理论。《工程控制论》的问世，很快引起了美国科学界乃至世界科学界的关注。科学界认为,《工程控制论》是这一领域的奠基式的著作，是维纳控制论之后的又一个辉煌的成就。《工程控制论》赢得了国际声誉，并相继被译为俄文、德文、中文等多种文字。作为一门新的技术科学，工程控制论为导弹与航天器的制导理论提供了基础。钱学森把中国导弹武器和航天器系统的研制经验，提炼成为系统工程理论，应用于军事运筹和社会经济问题，成功地推进了作战模拟技术和社会经济系统工程在中国的发展。

三、尖端技术的兴起

新中国成立后，在广泛开展基础研究的同时，集中力量发展新兴尖端技术，在短短的几年里，使我国新兴尖端技术从无到有，有了长足的进步。这些新技术虽然是初步的和基础性的，但前进的步伐是坚定的、有力的，它标志着新中国科学技术事业开始走上健康的发展道路，预示着中国即将进入科技发展的新时代。

建立宇宙线实验站

1952 年 10—11 月，王淦昌与肖健共同领导筹建中国第一个高山宇宙线实验站，安装了由赵忠尧从美国带回来的多板云室和自行设计建造的磁云雾室。实验站于 1954 年建成，开始观察宇宙线与物质相互作用。

中国最早的宇宙线野外实验站——1954 年建于云南东川的落雪山宇宙线实验站，以奇异粒子和高能核作用为研究方向，取得了不少成果，为中国的核工业奠定了基础。

华罗庚主持开展计算机研究工作

当冯·诺依曼开创性地提出并着手设计存储程序通用电子计算机 EDVAC 时，正在美国普林斯顿大学工作的华罗庚参观过他的实验室，并经常与他讨论有关学术问题。华罗庚于 1950 年回国，1952 年在全国大学院系调整时，他从清华大学电机系物色了闵乃大、夏培肃和王传英三位科研人员在他任所长的中国科学院数学所内建立了中国第一个电子计算机科研小组。1956 年筹建中国科学院计算技术研究所时，华罗庚担任筹备委员会主任。

∧ 华罗庚（1910—1985），数学家、应用数学家、计算数学家。中国科学院学部委员（院士）。

初教 -5 试飞成功

初教 -5 教练机是我国自行制造的第一种初级教练机，它的原型为苏联雅克 -18 教练机。该机机身由合金钢管焊接成骨架，呈构架式机身骨架。机身前段及发动机整流罩为铝合金蒙皮，机身后半段由布质蒙皮覆盖。机翼由梯形外翼和矩形中翼组成。中翼为全金属结构，由 2 根大梁、8 根翼肋等组

1954 年 7 月 11 日，中国第一架初教 -5 试飞成功。>

成，中翼中装有 2 个容量为 75 升的油箱。中翼与机身框架连接。外翼与尾翼的前缘、梁、翼肋等用铝合金制作；布质蒙皮。发动机选用工作可靠、使用方便的 M－11FP5 缸气冷式活塞发动机。后三点式起落架，主轮半埋状收入中翼，尾轮固定不可收。纵列式密封座舱具有良好的视野。机上装有无线电收报机和机内通话设备。1954 年 7 月 11 日，中国第一架初教 -5 试飞成功。

研制成功多台核电子仪器

电子学方面，由陈芳允、忻贤杰负责的核电子学小组，研制了多种核电子仪器。其中探测器、定标器于 1955 年开始批量生产，满足了铀矿地质勘探队伍、近代物理所科研工作和大学教学的需要。在梅镇岳、郑林生的指导下，多种 β 谱仪和同位素分离器的设计研制工作也都取得了进展。

∨陈芳允（1916—2000），电子学家、空间系统工程专家，中国科学院学部委员（院士）。他领导研制成功我国第一代机载单脉冲雷达，为我国无线电电子学研究做出了开创性的工作。（新华社记者邹毅　摄）

∧ 北京电子管厂玻璃配料工段工人使用新安装的控制设备进行配料。（新华社记者顾松年 摄）

中国第一座现代化电子管厂——北京电子管厂建成

1956 年 10 月 15 日，新中国第一座现代化电子管厂——国营北京电子管厂在北京东郊酒仙桥建成投产。仅仅经过一年多的时间，就生产出全套拇指式收音机电子管，从此结束了我国收音机电子管全部依靠进口的局面。北京电子管厂为中国的国民经济发展和建设做出了重大贡献，被誉为“中国电子工业的摇篮”。

工业制造取得重大突破

“一五”时期，采用苏联先进的工业制造技术，制造国内急需的工业产品，建立中国重工业的技术基础。156 项工程成套设备的引进，使我国从无到有地建立起重型机床、电器、汽车、飞机、船舶、机车车辆等工业部门，逐步形成了门类比较齐全的工业体系。科研人员发愤图强，努力研发新技术，发展新中国的现代工业。

1. 1951 年 9 月 14 日，天津汽车制配厂试制完成新中国第一辆吉普车。
2. 1953 年 10 月 27 日，在钢都鞍山，一锭通红的钢坯从 1200℃高温加热炉里滚出，钻过穿孔机。当火红的钢管头缓缓露出，在场的人无不欢呼雀跃，新中国第一根无缝钢管诞生了。

1
2

1. 1952年8月1日，青岛四方机车厂制造出了新中国第一台国产火车头。这台解放型蒸汽机车向全世界宣告：中国人不能自己造机车的历史结束了。
2. 1955年11月27日，新中国自己设计制造的第一艘沿海客货轮——民主十号在黄浦码头开航。它标志着中国造船工业的新发展，拉开了中国建造海洋运输船舶的帷幕。（新华社记者杨溥涛　摄）

1. 北京永定机械厂钳工倪志福发明了“三尖七刃”钻头。图为倪志福（左）正在帮助徒工刘长荣用新钻头进行操作。（新华社记者杨展华　摄）
2. 鞍钢技术革新积极分子王崇伦努力创造和改进新工具，发明“万能工具胎”。
3. 武汉重型机床厂的“刀具大王”马学礼正在聚精会神地工作。

四、完善基础设施

下大力治理淮河

1950 年 7—8 月，淮河流域发生了特大洪涝灾害。1950 年 10 月 14 日，中央人民政府政务院发布《关于治理淮河的决定》，水利部成立了治淮委员会，制定了上中下游按不同情况实施蓄泄兼筹的方针。从此，新中国水利建设事业的第一个大工程拉开了帷幕。截至 1957 年冬，共治理大小河道 175 条，修建水库 9 座，修建堤防 4600 余千米，极大地提高了防洪泄洪能力。

在整个治淮工程中，建造了很多船闸，大大便利了淮河流域的内河航运。图为淮河上的巨轮淮光号正通过高良涧船闸。（新华社记者 摄）

< 润河集蓄洪分水闸施工现场。（新华社记者 摄）

兴建大型引黄水利工程——人民胜利渠

人民胜利渠是新中国成立后在黄河下游兴建的第一个大型引黄水利工程。渠首闸位于今河南省武陟县嘉应观乡，总干渠全长52.7千米。1951年3月开工，1952年3月第一期工程胜利竣工，同年4月开闸放水。

人民胜利渠总干渠沿京广铁路向北到新乡市注入卫河，担负灌溉、排涝和济卫等任务。 >

^川藏、青藏公路的胜利通车，是人类公路建设史上的壮举。

川藏、青藏公路建成通车

1954 年 12 月 25 日，川藏公路、青藏公路同时正式通车，结束了西藏没有一条正式公路的历史。川藏公路东自四川成都，跨怒江，攀横断，全长 2400 余千米；青藏公路北起青海西宁，渡通天，越昆仑，全长 2100 千米。两路平均海拔均在 4000 米以上，交会西藏首府拉萨。修建川藏、青藏公路，历时五载，3000 多名筑路人捐躯两路，一万多名建设者立功受奖。川藏、青藏公路的胜利通车，是人类公路建设史上的壮举。两路通车，推动了西藏社会制度的历史性跨越，促进了西藏经济社会史无前例的发展。

大力建设铁路

1950 年 1 月 2 日，中共中央批准兴建成渝铁路，建设大西南。15 万名筑路大军克服一切困难，于 1952 年 7 月 1 日正式建成通车。它横穿四川盆地，沿线物产富饶，有力地促进了西南地区物资流通，对发展生产和繁荣经济建设起了重要作用。

1952 年，经政务院批准，铁道部开始对包兰铁路进行实地勘探设计，经两年多的勘测、调研、论证、分析，包兰铁路于 1954 年 10 月动工，1958 年 8 月 1 日全线通车。它横贯内蒙古、宁夏和甘肃三省（区），三跨黄河，数越沙漠，全长 990 千米。

兰新铁路黄河大桥位于甘肃省兰州市西固区，是新中国成立后在黄河上建造的第一座大铁桥。该桥于 1954 年 4 月动工修建，1955 年 7 月 1 日建成通车。黄河大桥全长 278.4 米，符合现代化桥梁标准，行车速度不受限制。

∨成渝铁路是第一条用国产器材筑成的铁路。图为成渝铁路全线通车后，第一列自成都和重庆分别开出的火车在内江车站会车。（新华社记者薛玉斌 摄）

包兰铁路是穿越茫茫腾格里沙漠的第一条铁路。图为包兰铁路通车后运来的大量拖拉机。

兰新铁路黄河大桥是中国人以自己的智慧和力量完成的，并且完全使用国产材料建造。图为盛装的机车行驶在大桥上。（新华社记者胡越　摄）

∨ 包兰铁路在宁夏回族自治区穿越腾格里沙漠。宁夏国营固沙林场为了保障铁路的畅通，沿包兰铁路两旁沙漠地区种植了挡沙、固沙的绿色植物。（新华社记者王新著　摄）

第 2 章

向科学进军

新中国刚刚成立时，经济上仍然是比较贫穷落后的，用科学技术迅速改变自己的国际地位成为历史的必然选择。1956 年 1 月 14—20 日，在北京召开了关于知识分子问题会议。会上，毛泽东主席发表重要讲话。他号召全党努力学习科学知识，同党外知识分子团结一致，为迅速赶上世界科学先进水平而奋斗。周恩来总理宣读的《关于知识分子问题的报告》指出“科学是关系我们的国防、经济和文化各方面的有决定性的因素”，进行社会主义建设，“必须依靠体力劳动和脑力劳动的密切合作，依靠工人、农民、知识分子的兄弟联盟”。同年 1 月 25 日，毛泽东主席在最高国务会议的讲话中指出：“我国人民应有一个远大的规划，要在几十年内，努力改变我国在经济上和科学文化上的落后状况，迅速达到世界上的先进水平。”在这次会议上，毛泽东主席还提出科学、文艺事业的“百花齐放、百家争鸣”方针。

1956 年 1 月 30 日，周恩来总理在全国政协二届二次会议的政治报告中提出“向现代科学技术大进军”的号召。同年 4 月，为了迎接世界的技术革命，中共中央、国务院制定了《1956—1967 年科学技术发展远景规划》（简称《十二年科技规划》）。在《十二年科技规划》的指导下，经过我国科研人员顽强拼搏，我国的科技事业面貌发生了根本的变化，获得蓬勃发展。

一、重点发展　迎头赶上
——《十二年科技规划》的实施

新中国建立不久，百废待举；国家经济建设刚刚恢复，状况并不是很好。为了迅速发展国家经济，适应国际斗争形势，我国必须自强不息。1956年，在周恩来总理的领导下，国务院成立了规划委员会，调集了几百名各门类和学科科学家参加规划编制工作，还邀请了16位苏联各学科的科学家来华，帮助我们了解世界科学技术水平和发展趋势。历经7个月，经过反复修改，于1956年12月，经中共中央、国务院批准，颁布了《十二年科技规划》，这是我国的科学技术战略性计划，它的制定拉开了我国向科学进军的序幕。

《十二年科技规划》的制定，旨在把世界最先进的科学成就尽可能迅速地介绍到我国科学技术部门、国防部门、生产部门和教育部门中来。把我国科学界最短缺的国防建设急需的门类，尽可能迅速地补足。这为使科学服务于国家建设找到了具体的组织和实现形式，大大提高了科学研究的效益，加快了中国追赶世界科技先进水平的进程，以至此后十多年的时间就有了“两弹一星”的成就，并由此带动了计算机、自动化、电子学、半导体、新型材料、精密仪器等新技术领域的建立和发展。

（一）国家工业化、国防现代化科技开发取得成果

20世纪60年代初，国内遇到严重困难，苏联撤走全部专家，我国科技人员独立自主、自力更生，坚持科研攻关，继续研制导弹、原子弹。在毛泽东、周恩来等领导支持下，采取突出重点，任务排队，组织全国大协作，狠攻新型原材料、电子元器件、仪器仪表、精密机械、大型设备等技术难关，进一步调整知识分子政策等一系列措施。仅用5年时间，研制成功多种导弹和原子弹，不久后又研制成功氢弹，并为远程火箭、人造地球卫星、核潜艇的研制成功奠定了基础。同时，在研制常规武器装备和民用科研项目方面也取得了显著成果。

< 1964年10月16日，中国第一颗原子弹爆炸成功。

原子能开发

原子能又称“核能”，是原子核发生变化时释放的能量。原子核发生变化有两种：重核裂变和轻核聚变，它们都能释放出巨大的能量。核能除用于军事目的外，目前世界各国都在开发核能在经济领域的应用。中国核能事业创建于1955年，在较短的时间里，以较少的投入，走出了一条适合中国国情的发展道路，取得了举世瞩目的成就。

1956年5月，我国开始兴建第一座原子能反应堆，并于两年后正式运转。这座反应堆的主要用途是制造同位素和进行科学研究，它是用铀作燃料，用重水作慢化剂和导热剂，所以叫实验性重水型反应堆。反应堆的建成是中国跨入原子能时代的标志。

∧ 1958年，我国建成第一座原子能反应堆。（新华社记者杜修贤　摄）

中国第一台回旋加速器。（新华社记者杜修贤 摄）

中国第一台回旋加速器建成

1958 年 6 月 30 日，中国第一台回旋加速器建成。回旋加速器是一种粒子沿圆弧轨道运动的谐振加速器，粒子在恒定的强磁场中，被固定频率的高频电场多次加速，获得足够高的能量。加速器可用于原子核实验、放射性医学、放射性化学、放射性同位素的制造、非破坏性探伤等。

火箭和导弹研发

《十二年科技规划》表明，要在 12 年内使中国火箭技术走上独立发展的道路。1958 年 9 月，6 米高的中国第一枚高空探测火箭，喷出一长串通红的火焰，在吉林白

钱学森 1955 年从美国返回祖国时的情景。

< 钱学森在导弹发射现场指导工作。

< 中国第一颗战略导弹发射成功。

城的荒野上腾空而起，冲向天宇，揭开了中国空间时代的历史帷幕。这枚火箭被命名为“北京二号”，由北京航空学院（现为北京航空航天大学）的师生研制并发射成功。1960 年 2 月 16 日，中国第一枚液体火箭发射成功。

导弹是导向性飞弹的简称。导弹是依靠自身动力装置推进，由制导系统导引、控制其飞行路线，并导向目标的武器。发展导弹是我国国防现代化的需要。物理学家钱学森为我国火箭、导弹和航天事业的创建与发展做出了卓越贡献，是我国系统工程理论与应用研究的倡导人，被称为中国的“导弹之父”。

大型通用计算机——119 机研制成功

电子计算机是划时代的发明。美国的电子计算机发展比较早，但这项技术对我国是封锁的。《十二年科技规划》将“计算技术的建立”列为国家四项紧急措施之一。在组织上采取了“先集中后分散”的方针；在科研工作上确立了“先仿制后创新，仿制为了创新”的方针；采用了办训练班、进修、合作、派出国学习的办法加速培养干部的方针。1964 年，科学院计算所在吴几康领导下研制成功大型通用计算机——119 机。该机采用由电子管和晶体二极管组成的高速逻辑电路，装有 16000 字的磁芯存储器，有些外部设备可与中央处理机并行工作，为用户提供 BCY 算法语言。119 机指令系统完善，运算速度高，存储容量大，解题能力强，操作方便，运行稳定可靠，完成了大量原子能、天气预报等方面的计算任务。119 机的研制成功，标志着我国自力更生发展计算机事业已进入了一个新的阶段。正是由于我们有了自行研制的电子计算机，发展了我国的核技术和航天技术，使我国的国防尖端科学有实力、有能力屹立于世界之林。

119 机，我国第一台自行研究、设计、制造的大型通用数字电子计算机，获 1964 年全国工业新产品展览一等奖。

∧王守武（1919—2014），中国半导体材料科学奠基者之一，中国科学院学部委员（院士）。（新华社记者杨武敏 摄）

半导体研发

这一时期，由于西方国家对中国的封锁，国内对世界半导体研究动态不能及时掌握。加上先进仪器设备不足，科研上面临的困难相当大。以硅高反压晶体管的研制为例，20世纪50年代后期，为了攻克难关，一批年轻人在实验室中经历了数不清的失败，终于取得成功，其半导体研究的部分成果已接近世界先进水平。能制造体积小、寿命长并稳定可靠的二极管和三极管，对于发展无线电电子学、自动化技术至关重要。可惜的是，当时我国科学家未预见到集成电路以及大规模集成块的发展，以至我国在这方面工作的起步落后国际水准10年。

<1962年，林兰英研制出中国第一根砷化镓单晶，达到国际最高水平。

∧ 林兰英（1918—2003），中国半导体材料科学奠基者之一，中国科学院学部委员（院士）。图为林兰英（右）与青少年科学爱好者交谈。（新华社记者 摄）

无线电电子学研发

无线通信技术既是国防建设上的关键技术，也是经济建设中的重要技术。无线电电子学的重要性不仅在于通信，它还是民用技术以及现代化国防技术中不可缺少的手段。工农业、医药卫生等部门都离不开无线电电子学，在国防技术上，如雷达、自动化火炮的设计和指挥等也都离不开无线电电子学，发展无线电电子学是不容忽视的重要任务。在《十二年科技规划》实施过程中，中国科学院电子学研究所已形成微波成像雷达及其应用技术、微波器件与技术、高功率气体激光技术、微传感技术与系统 4 个主导领域。老一辈的科学家为我国的无线电事业做出了卓越贡献。

1956 年 11 月，在半导体专家王守武、林兰英和武尔祯的领导下，中国第一支锗合金晶体管在北京华北无线电元件研究所诞生。作为中国无线电电子学的开拓者，陈芳允于 1964 年参加了我国卫星测控系统的建设工作，为我国人造卫星上天做出了贡献。由他提出和参与完成的微波统一测控系统，成为支持我国通信卫星上天的主要设备，这一项目获 1985 年国家科学技术进步奖特等奖。

作为中国无线电电子学的奠基人之一，孟昭英执教大学60余年，在人才培养、实验室建设与教材编写上建树甚多。在微波电子学、波谱学、阴极电子学诸领域的科学研究上均做出了重要贡献。

研制出第一代数控机床

自动化技术是20世纪发展非常迅速并且影响极大的科学技术之一。现代自动化技术是一种完全新型的生产力，是直接创造社会财富的主要手段之一，对人类的生产活动和物质文明起着极大的推动作用。因此，自动化技术受到世界各国的广泛重视，得到越来越多的应用。党中央决定发展自动化技术，是因为看到未来工业的发展必然走向自动化操作。这样既可节省大量劳动力，又为保证高质量的产品所必需。尤为重要的是：在未来的战争中，必须有自动化的攻防装备，否则就不能适应未来高灵敏快速反应的现代战争。

∨ 图为南通机床厂生产的摇臂万能铣床。它伴随着新中国工业的兴起而诞生，中国第一台摇臂万能铣床、第一台数控铣床、第一台小型立式加工中心以及草地机械工业基地就诞生在这里。

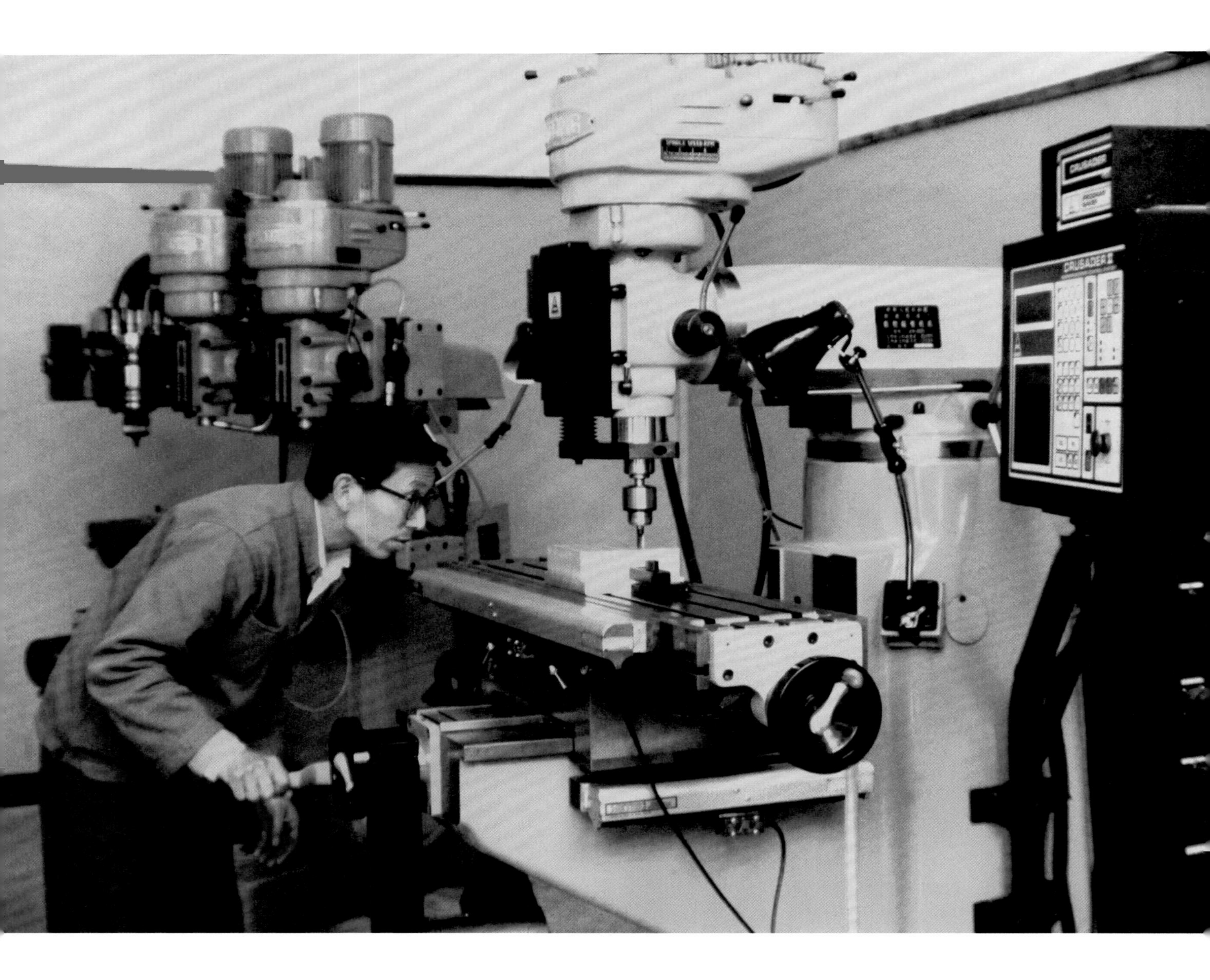

在 20 世纪 60 年代，我国研制出了第一代数控机床。我国数控系统的开发与生产，取得了很大的进展，基本上掌握了关键技术，建立了数控开发、生产基地，培养了一批数控人才，初步形成了自己的数控产业，也带动了机电控制与传动控制技术的发展。

中国研制成功第一台一级大型电子显微镜

上海精密医疗器械厂与中国科学院长春光学精密机械研究所于 1960 年起合作研制电子显微镜，1965 年 8 月 2 日试制成功，这是中国第一台一级大型电子显微镜。这台电子显微镜放大倍数为 20 万倍，分辨率可达 7 埃，能广泛应用于科学研究和工农业生产。这台电子显微镜由中国自行设计和制造，全部采用国产原材料。它的诞生标志着中国显微镜制造技术及相应的光学研究水平已跻身世界先进行列。

由上海多家工业、科研单位协作制成的 20 万倍高分辨率电子显微镜，有上万个零件，需要较高的制造技术和许多特种材料。

中国第一台红宝石激光器诞生

1961年9月，中国第一台红宝石激光器在中国科学院长春光学精密机械研究所诞生，时间仅比国外晚一年，但在结构上别具一格。它的诞生表明我国激光技术已步入世界先进行列，为我国激光技术开辟了一个新领域，激光技术从此越来越多地应用于国防和工农业生产中。

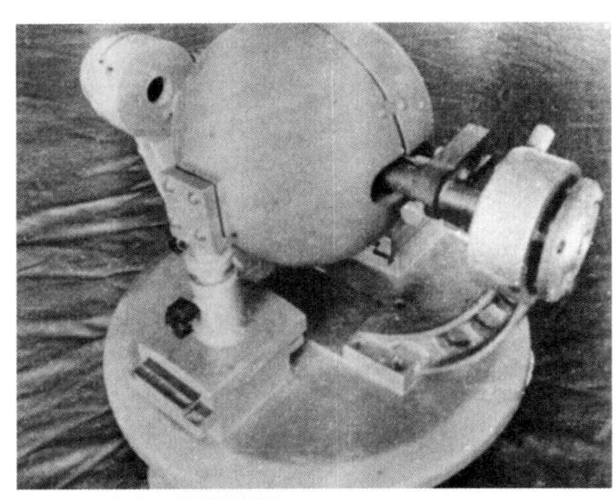

1. 中国第一台红宝石激光器。
2. 王之江（1930— ），物理学家，中国科学院学部委员（院士）。他领导研制成我国第一台激光器，并在技术和原理上有所创新。图为王之江（左）与科技人员一起研究技术难题。（新华社记者张耀智　摄）

（二）实施中国自然条件和资源的调查

中国幅员辽阔，陆地总面积约 960 万平方千米，包括了热带、亚热带、温带和寒带地区；有世界上最高的山系和高原，也有广阔肥沃的平原；内海和边海的水域面积约 470 多万平方千米，海岸线曲折，全长达 1.8 万多千米。我国有着优越的自然条件和丰富的自然资源。要使这些优越的条件和富饶的资源得到充分的利用和及时的开发，必须展开一系列的调查研究工作，以便掌握自然条件的变化规律和自然资源的分布情况，从而提出利用和开发的方向；并在此基础上，研究各区和全国国民经济发展远景以及工农业合理配置的方案。

竺可桢是中国综合考察事业的倡导者、奠基者和领导者。根据《十二年科技规划》，他把全国综合考察任务归纳为 5 项：①西藏高原和康滇横断山区综合考察及开发方案的研究；②新疆、青海、甘肃、内蒙古地区的综合考察及开发方案的研究；③热带地区特种生物资源的研究和开发；④重要河流水利资源的综合考察；⑤中国自然区划与经济区划。

∨横断山冰川作用中心在贡嘎山，这是我国现代海洋性冰川分布最集中、规模最大的地区，也是青藏高原的东部第四纪冰川遗迹保存与发育最完好的地区。图为冰川考察人员骑马向贡嘎山西坡进发途中。

自然资源考察取得成果

我国的科学考察工作有良好的传统，根据《十二年科技规划》中规定的有关国家边远地区自然条件、自然资源的考察任务，中国科学院成立了综合考察委员会，统一领导和组织各项综合考察，组织了 11 个综合考察队，对中国东北、内蒙古、西北、西南、东南、华南等地区进行了综合考察，每年有上千人同时进行考察。这一时期的自然资源综合考察活动，取得了明显的成就，考察面积 570 万平方千米，对许多与改造自然有关的重大课题，包括水土保持、沙漠治理、草原改良等，做了不少调查研究，为国家开发利用自然资源、制定国民经济发展计划和地区开发方案提供了大量的科学资料和依据；促进了资源研究和考察事业的发展。

柴达木盆地是我国独一无二的聚宝盆。20 多万平方千米的盆地内蕴藏着丰富的矿产资源。柴达木盆地大煤沟是中国侏罗纪的典型剖面，总厚大于 1100 米。

∧ 我国科学工作者为珠峰地区科学考察做出了贡献。（新华社记者程至善 摄）

冰川遗迹考察

矿产资源是一个国家经济建设的重要条件。我国地域辽阔，矿产资源丰富。世界上已知的绝大部分矿产在我国都有分布，其中钨、稀土、煤炭、铁矿等储量居世界前列。地质学家李四光创建了中国第四纪冰川学说和地质力学理论。他的发现与理论实践，给中国找矿、工程地质环境资源的开发利用等方面带来了划时代的意义。

（三）取得工业建设重大技术问题突破

实现国家的社会主义工业化，是国家独立富强的客观要求和必要条件。1956 年，党中央明确提出建立独立完整的工业体系的方针。这些方针对于后来在国际关系剧烈变化中我国坚持独立自主的立场，具有深远的意义。在执行《十二年科技规划》的过程中，1956 年，中国第一家生产载重汽车的工厂——长春第一汽车制造厂建成投产，中国第一家飞机制造厂试制成功第一架喷气式飞机，中国第一家制造机床的工厂——沈阳第一机床厂建成投产，大批量生产电子管的北京电子管厂正式投产。1957 年，飞架南北的武汉长江大桥建成，康藏、新藏公路相继建成通车。许多工业建设中的技术问题得到解决。中国科技工作者已经能够自行设计建设 150 万吨的钢铁联合企业、年产 100 万吨的炼油厂、装机容量 65 万千瓦的水力发电机厂以及电气化铁路等大大小小的建设项目，不胜枚举。中国工业生产能力大幅度提高；一大批工矿企业在内地兴建，使原来工业过分偏于沿海的不合理布局得到初步改善。同其他国家工业起飞时期的增长速度相比，我国也是名列前茅的。在全党全国人民同心同德的艰苦奋斗中，中国的社会主义工业化步伐在扎扎实实地向前迈进。中国自主建造 12000 吨水压机和大庆油田勘探取得成果是这一时期工业成就的突出亮点。

长春第一汽车制造厂建成投产

1950 年 12 月，毛泽东主席访问苏联，中苏双方商定，由苏联全面援助中国建设第一个载重汽车厂。经过一年多的调查研究和多个方案对比，1951 年决定把第一汽车制造厂的厂址设在吉林省长春市郊。1956 年 10 月 15 日，长春第一汽车制造厂正式建成移交，开始了大批量生产。该厂投资总额 6.5 亿元，年产载重汽车 3 万辆。长春第一汽车制造厂生产的解放牌汽车是以苏联生产的吉斯 150 型汽车为范本，并根据中国的实际情况改进部分结构而设计和制造出来的。这种汽车装有 90 匹马力、6 个汽缸的汽油

第一汽车制造厂生产的解放牌汽车。

长春第一汽车制造厂开展了技术革新和技术革命运动。图为汽缸体加工自动线，只要两个人管理，就可以完成34～60道工序，提高了工作效率。

发动机，最高时速为65千米，载重量为4吨。它不仅适合当时中国的道路和桥梁的负荷条件，而且还可以根据需要改装成适合各种特殊用途的变型汽车。首批汽车经过行车试验后，证明性能良好，符合设计要求。

中国第一架喷气飞机——歼-5首飞成功

1956年7月19日，由沈阳飞机制造公司（原名112厂）制造的我国第一架喷气式歼击机——中0101号到达沈阳于洪机场，成功地飞上了祖国的蓝天。试验证明：中0101号飞机在最快速度和最大高度时，特种设备、发动机等的各项性能、数据全部达到试飞大纲要求。9月8日，国家验收委员会在112厂举行了验收签字仪式，并命名该机为56式机（以后按系列命名为歼-5）。喷气式歼击机——歼-5飞机主要用于昼间

^ 歼 -5 是根据苏联提供的米格 -17 喷气歼击机为原准机进行仿制。1956 年 7 月 19 日，歼 -5 原型机首次试飞成功，同年 9 月投入批量生产。至 1959 年 9 月停产，共生产 767 架。图为在公园供观赏的歼 -5 飞机。

截击和空战，具有一定的攻击能力。其改进型歼 -5 甲，机头装有雷达，用于夜间截击空战。歼 -5 首飞结束了中国不能制造喷气式歼击机的历史。

“南方的鞍钢”——新余钢铁厂建成

江西新余钢铁厂（简称“新钢”）的建成正处在“赶英超美”建设钢铁大国的特定时代，当时全国提出建设“三大五中十八小”家钢铁厂的钢铁产业布局。在第二个五年计划期间（1958—1962），冶金工业部确定，要将新钢建设成为一家年产生铁 200 万吨、钢 150 万吨的钢铁联合企业，称为“南方的鞍钢”。1960 年，新钢两座 255 立方米高炉相继建成投产，新钢采取土法上马兴建了 5 座小高炉和 14 座简易小焦炉，开展了轰轰烈烈的高炉冶炼生铁活动。1961 年，在干部职工锐减和要求下马的危难之际，新钢人并没有放弃，而是选择了高炉转产锰铁的出路。通过努力，新钢攻克了技术难关，成功改造了高炉煤气净化系统，转炼高炉锰铁。其中袁河牌高炉锰铁被评为国家优质产品，获国家银质奖。1964 年年初，又将新钢改建成以生产军工原材料为主的特殊钢厂——江西钢厂。钢厂运营带来了钢铁行业的一时繁荣，为航空事业做出了贡献。山风牌钢丝产品占有国内市场的 60% 份额，被誉为特钢行业的“一朵奇葩”。

∨ 土法上马建设新余钢铁厂，图为解放军帮助建设钢铁基地。

武汉、南京长江大桥相继建成

1955 年 9 月 1 日，武汉长江大桥开工建设，于 1957 年 10 月 15 日建成通车。大桥建设初始得到了当时苏联政府的帮助，后来由于苏联政府撤走了全部专家，后续建桥工作由茅以升主持完成。武汉长江大桥是中国在万里长江上修建的第一座铁路、公路两用桥梁，将整个武汉三镇连成一体，也打通了被长江隔断的京汉、粤汉两条铁路，形成完整的京广线。正桥长 1155 米，连同两端公路引桥总长 1670 米。桥身为三联连续桥梁，每联 3 孔，共 8 墩 9 孔。每孔跨度为 128 米，终年巨轮航行无阻。正桥的两端建有具有民族风格的桥头堡，各高 35 米，从底层大厅至顶亭共 7 层，有电动升降梯供人上下。整座大桥异常雄伟，附属建筑和各种装饰协调精美。

南京长江大桥是由我国科技人员自行设计和建造的双层式铁路、公路两用桥梁，是 20 世纪 60 年代中国经济建设的重要成就之一。这座桥的建成在中国桥梁建设史上具有里程碑意义。大桥由正桥和引桥两部分组成，正桥 9 墩 10 跨，长 1576 米，最大跨度 160 米。大桥通航净空宽度 120 米，桥下通航净空高度为设计最高通航水位以上 24 米，可通过 5000 吨级海轮。大桥于 1968 年全面建成通车，将原津浦、沪宁两铁路连接成京沪铁路。

< 茅以升（1896—1989），桥梁学家，中国科学院学部委员（院士），主持完成了武汉长江大桥的修建。

∨ 1957 年，建成武汉长江大桥。

∧ 1968年12月29日，南京长江大桥建成通车。图为南京长江大桥举行通车典礼。（新华社记者　摄）

黄河三门峡水利工程

被誉为“万里黄河第一坝”的三门峡水利枢纽是新中国成立后在黄河上兴建的第一座以防洪为主、综合利用的大型水利枢纽工程。控制流域面积 68.84 万平方千米，占流域总面积的 91.5%，控制黄河来水量的 89% 和来沙量的 98%。该工程始建于 1957 年，1960 年基本建成，主坝为混凝土重力坝，大坝高 106 米，长 713.2 米，枢纽总装机容量 40 万千瓦，发挥了巨大的社会效益和经济效益。

∧ 黄河三门峡水利枢纽工程。

CHANG HSU SHIH, CHINESE RESEARCH AID AT MIT
Hopes to Be Returned to Red China in Exchange for Airmen
Record-American Photo by Ollie Noonan

MIT Man Among 35 Chinese Held

By JOHN WADE

A Chinese research associate at MIT hoped, with somewhat less than traditional Oriental calm today, for swift negotiation of what may become known as "Operation Little Switch."

Chang Hsu shih, 34, delving into physical metallurgy at MIT since July, 1952, was revealed to be one of the 35 Chinese scholars in the U. S. prevented from returning home after the rise of the Red government in their native land. The U. S. State Department decided the scientific knowledge and know-how acquired here by the 35 might give aid and comfort to the Red regime.

A State Department officer said today the U. S., reversing an earlier stand, might be willing to exchange the 35 for the 11 American

exchange known as "Operation Big Switch."

"I want to go home," Chang said. "I have to get home. I have to support my mother and father. That's a son's first duty, more important even than the duty owed to a wife."

Chang was graduated in 1945 from China's Northwestern Engineering College. Three years later, shortly before the Reds wrested control of China from the Nationalists, Chang went to Notre Dame as a teaching fellow. In 1952 he won his Ph.D. there in

1 | 2

1. 师昌绪（1920—2014），中国科学院学部委员（院士），中国工程院院士，金属学及材料科学专家（右二）。
2. 1954 年，中国留美学生师昌绪争取回国的故事登上了美国报纸。

师昌绪主持研究出铸造高温合金

师昌绪不仅是我国材料科学与技术界的一代宗师，更是推动我国材料科学发展的杰出管理者和科技战略家。20 世纪 50 年代末期，高温合金是航空、航天与原子能工业发展中必不可少的材料。师昌绪从中国既缺镍无铬，又受到资本主义国家封锁的实际出发，提出大力发展铁基高温合金的战略方针。为了克服一般铁基高温合金的耐热性能差的弱点，师昌绪等人在设计成分时一反铁基高温合金中钛高铝低的常规做法，相应提高铝的含量，从而研制出中国第一个铁基高温合金 GH135（808），代替了当时的镍基高温合金 GH33 作为航空发动机的涡轮盘材料。师昌绪为我国建设独立自主的工业体系和国民经济体系做出了杰出的贡献。

第一条电气化铁路

宝成铁路是新中国成立后修建的第一条工程艰巨的铁路，宝鸡至凤州段更是艰险。在地形复杂的区段内，采用蒸汽机车牵引列车，牵引重量小，行车速度慢，运输效率低。因此，在修建宝成铁路时，铁道部就决定宝鸡至凤州段采用电力机车牵引。这样，可使线路限坡由 20‰ 提高到 30‰，可缩短线路 18 千米，减少隧道 12 千米，而且缩短工期一年。宝凤段电气化铁路是中国自己设计和修建的，采用的上千种器材和设备也

∧ 宝成铁路是中国第一条电气化铁路，在这条铁路上行驶的机车全部是我国自行设计的电气机车。

∧ 沈鸿（1906—1998），中国机械工程专家，中国科学院学部委员（院士）。

是国内生产的。中国电气化铁路一开始就选用了世界上最先进的电流制式，避免了重走世界各国先直流后交流的发展老路。经过两年的艰苦拼搏，中国第一条电气化铁路于 1960 年 5 月胜利建成，并用国产韶山 1 型电力机车开始试运行，1961 年 8 月 15 日正式交付运营，昔日的蜀道天堑从此变成通途。全长 91 千米的宝凤电气化铁路的建成，促进了中国电气化铁路的发展。

中国自主建造 12000 吨水压机

1958 年 5 月，党的八大会议期间，时任煤炭工业部副部长的沈鸿给毛泽东主席写了一封信，建议利用上海原有的机器制造能力，自己设计、制造万吨级水压机，以改变大锻件依靠进口的局面。这个建议得到毛泽东主席的支持。于是中央有关部门决定，将制造万吨水压机的任务交给上海江南造船厂。1959 年，江南造船厂成立了万吨水压机工作大队，在总设计师沈鸿的带领下，技术人员和工人运用了“以大拼小、银丝转昆仑”等方法闯过了一道道难关。经过四年的努力，于 1962 年 6 月 22 日将万吨水压机建成投入生产。这台能产生万吨压力的水压机总高 23.65 米，总长 33.6 米，最宽

∧ 1962 年，由沈鸿主持制造成功 12000 吨水压机。

处 8.58 米，全机由 44700 多个零件组成，机体全重 2213 吨，其中最大的部件下横梁重 260 吨，工作液体的压力有 350 个大气压。能够锻造 250 吨重的钢锭，是重型机器制造工业的关键设备。

大庆油田勘探取得成果

1955 年，我国以空前规模展开了石油普查活动，形成了完整的陆相生油和成藏理论。基于我国地质构造特征和陆相生油理论，人们在新疆准噶尔盆地找到了克拉玛依油田，并陆续在酒泉、柴达木、塔里木、四川、鄂尔多斯等盆地找到了油气田，充分展示了陆相地层的含油气远景。

1958 年，地质部和石油部把石油勘探重点转移到被外国专家判定为“无原油”的东部地区，在东北、华北等几个大盆地展开了区域勘探。1959 年 9 月 6 日，在东北松辽盆地陆相沉积岩中发现工业性油流。这是中国石油地质工作取得的一个重大成就，时值国庆 10 周年，这块油田因此被命名为“大庆”。

∧ 王进喜（1923—1970），石油战线的劳动模范。

∨ 参加大庆石油会战的解放军战士。

1960 年 2 月 20 日，中共中央决定在黑龙江省大庆地区进行石油勘探开发大会战。

大庆油田位于黑龙江省西部、松辽盆地中央凹陷区北部，是中国最大的综合性石油生产基地，也是世界特大油田之一。我国发现大庆油田后，一场规模空前的石油大会战随即在大庆展开。王进喜从西北的玉门油田率领 1205 钻井队赶来，加入了这场石油大会战。没有公路，车辆不足，王进喜就带领全队靠人拉肩扛，把钻井设备运到工地，苦干 5 天 5 夜，打出了大庆第一口喷油井。随后的 10 个月，王进喜率领 1205 钻井队和 1202 钻井队，在极端困苦的情况下，双双达到了年进尺 10 万米的奇迹。

以铁人王进喜为代表的大庆石油工人，艰苦创业，白手起家，仅用两年时间，就基本建成大庆油田。1963 年年底，周恩来总理在政府工作报告中宣布："中国人民使用'洋油'的时代，即将一去不复返了。"

（四）解决农业建设的有关问题

《十二年科技规划》提出：为了迅速发展农业、林业、畜牧业、水产业、养蚕业，必须研究提高单位面积产量和扩大面积（如垦荒等）的办法来发挥劳动力和土地的增产潜力。同时，必须在 12 年内为实现农业机械化做好农、林、牧、水产等机械的选型与改进工作，并制定了整套的机械化耕作、栽培及森林采伐、运材、家畜饲养管理、渔捞等技术方案。农、林、牧业是密切联系着的，三者的结合对于不断提高农、林、牧业的产量具有重大意义。

完成了全国耕地调查和规划

根据《十二年科技规划》制定的原则，经过农业科技人员的努力，初步完成了全国耕地土壤普查，整理鉴定了全国各地区农作物品种，找到了大量可推广的良种，如稻、麦、棉、玉米等 8 种作物的 169 个优良品种。基本掌握了 11 种作物病虫害的发生规律，提出了不少有效的控制和防治方法，如基本消灭了蝗虫。同时研制和改进了许多防治家畜、役畜疾病疫苗，研制了一批适应各地农业生产条件的机具。家畜品种的改良、鱼类洄游规律、渔业资源调查、林木速生丰产、橡胶种植等研究工作均取得了丰硕成果。

丁颖为我国水稻栽培学奠定了基础

1926 年，丁颖在广州东郊发现野生稻，随后论证了我国是栽培稻种的原产地之一；他于 1955—1959 年对与水稻产量形成密切相关的分蘖消长、幼穗发育和谷粒充实等过程做了深入研究。通过研究发现，可从技术措施与穗数、粒数、粒重的关系上找出一些带共性的结果，为人工控制苗、株、穗、粒实现计划产量目标提供理论依据；另外也可根据水稻在生长发育进程中的现象来检验技术措施的合理性，这为总结群众培育水稻经验提供了科学办法，同时对发展农业生产、科研与教育均有裨益。丁颖把中国栽培稻划分为籼、粳两个亚种，并运用生态学观点，按籼 / 粳、晚 / 早、水 / 陆、黏 / 糯的层次对栽培品种进行分类；为生产上培育许多个优良品种，对提高产量和品质做出了贡献。

中国治蝗第一人邱式邦

我国是蝗灾严重的地区。蝗虫灾害的可怕就在于它们是群体肆虐。中国历史上许多有识之士对灭蝗进行了艰苦卓绝的斗争，然而，真正解决蝗虫灾害是在新中国成立后，邱式邦在其中被誉为“中国治蝗第一人”。邱式邦长期从事农业昆虫研究，对灭蝗以及治虫逐步摸索出一套成熟的方法。20 世纪 40 年代在国内首先使用“六六六”粉防治蝗虫，用 DDT 防治松毛虫；50 年代在国内首次研究出查卵、查蝻、查成虫的蝗情侦察技术，并提出用毒饵治蝗；60 年代，研究出玉米螟防治技术，在全国普遍推广应用；

丁颖（1888—1964），农业科学家、教育家、水稻专家，中国现代稻作科学主要奠基人，中国科学院学部委员（院士）。中国农业科学院在他的领导下，取得了丰硕的科学成果。图为1963年8月丁颖（前排右二）在宁夏黄河灌区种水稻的公社和国有农场进行考察与指导。（新华社记者王新著　摄）

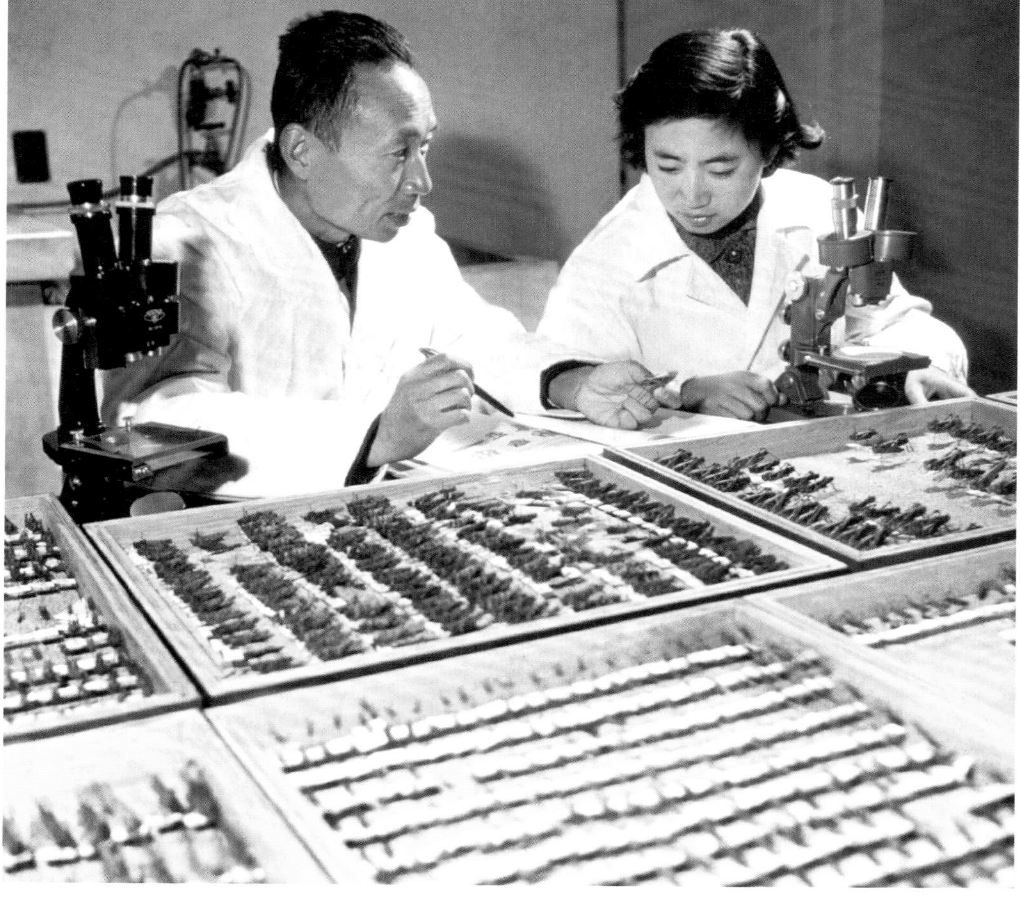

新中国成立后，病虫害的防治情况有了很大改变。虫害专家邱式邦（左）是植物保护研究所的研究员，他在蝗虫研究方面有重要的成就，为我国消灭蝗虫危害做了一定的贡献。邱式邦（1911—2010），中国近现代农业昆虫学家，中国科学院院士。

70 年代，倡导对作物害虫实行综合防治，并重点开展生物防治的研究，创造出一套适合中国农村饲养草蛉的方法，为生物治虫创造了条件。由于邱式邦为我国防治虫害做出极大的努力并取得重大的成就，1954 年，他获得农业部授予的爱国丰收奖；1978 年获全国科学大会先进个人奖；1979 年被授予全国劳动模范称号。

东方红拖拉机的诞生

1955 年，新中国“一五”期间 156 个重点项目之一的第一拖拉机厂在洛阳开工建设。1958 年，新中国第一台东方红大功率履带拖拉机在洛阳诞生，中国农耕历史在这里掀开了新的一页。1959 年 11 月 1 日，谭震林副总理在参加第一拖拉机厂落成典礼后向世人庄严宣布：“中国人民耕地不用牛的时代开始了。”从此，新中国农业机械化的序曲在洛阳正式奏响。此后 20 年，东方红拖拉机完成了中国 60% 以上机耕地的作业。

1958 年，我国试制出的东方红拖拉机。

（五）促成医疗保健方面取得长足进步

《十二年科技规划》对医疗保健提出了要求：积极防治各种主要疾病，不断提高人民健康水平；生产和研制各种新的抗生素、药物、生物制品、血浆制品及其代用品；放射性同位素医学研究和临床上的应用；加强对中国传统医学的整理、研究和发扬，改善环境卫生、供应合理营养、推广合理体育锻炼等方面，积极地促进健康，延长寿命，增进劳动能力。

在执行《十二年科技规划》期间，我国的医疗保健事业有了长足的进步，特别是临床医学的若干方面已接近或达到世界先进水平。

成功研制出脊髓灰质炎灭毒活疫苗

脊髓灰质炎是一种古老的疾病，俗称小儿麻痹症，是危害儿童健康的严重疾病，可以造成儿童骨骼生长畸形。接种脊髓灰质炎减毒活疫苗是有效预防该病的手段。中国从20世纪50年代中期开始研制该疫苗。1960年3月，第一批（500万份）国产脊髓灰质炎减毒活疫苗研制成功，并用于儿童免疫预防。2000年，世界卫生组织认证我国实现了无脊髓灰质炎目标。

∧1960年，中国成功研制出脊髓灰质炎减毒活疫苗，图为被称为“糖丸爷爷”的中国脊髓灰质炎疫苗之父顾方舟（1926—2019），他为实现中国全面消灭脊髓灰质炎并长期维持无脊灰状态奉献了一生。（新华社记者　摄）

抗生素的研制

新中国成立前，我国抗生素药物完全依靠进口。1949年以后，北京、上海等地建立了抗生素研究室。1953年5月1日，青霉素在上海第三制药厂正式投入生产，开创了中国抗生素工业。1958年6月3日，我国最大的抗生素企业华北制药厂建成投产。随后，氯霉素、红霉素、卡那霉素、新霉素、杆菌肽等60多个品种研制成功。华北制药厂在中国制药历史上写下了浓墨重彩的一笔，是当之无愧的“新中国制药工业的摇篮”。华北制药厂的建成投产，不仅增强了我国薄弱的制药生产能力，更为提升新中国工业发展的进程推波助澜，使新中国初步建立起了自己的医药工业基础。

∧ 1958 年 6 月 3 日，华北制药厂投产。（新华社记者时盘棋　摄）

消灭天花

1950 年 10 月，中央人民政府政务院发布了《关于发动秋季种痘运动的指示》，做出在全国各地推行普遍种痘的决定。到 1952 年，全国各地接种牛痘达 5 亿多人次。1961 年，随着最后一例天花病人痊愈，中国大陆再未见到天花病例。

< 保健站的工作人员为儿童接种牛痘。（新华社记者王旭东　摄）

断手再植获得成功

1963年1月2日，上海第六人民医院医生陈中伟在血管手术专家钱允庆的配合下，为青年工人王存柏施行断手再植手术获得成功。从此，中国成为世界上第一个成功接活断手的国家。王存柏完全断离的右手在手术后功能恢复正常，能提包、写字、穿针引线、提起重物、打乒乓球等。陈中伟开创了中国显微外科技术，在国内外被称为“断肢再植之父”和“显微外科的国际先驱者”。

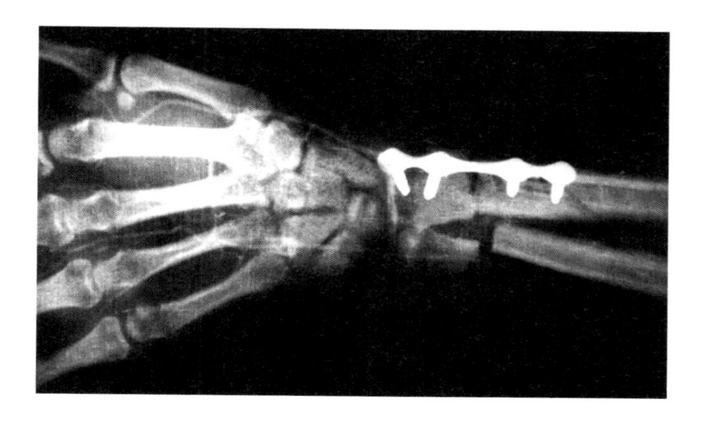

∧上海市第六人民医院成功地为王存柏做了断手再植手术。图为王存柏的断手在施行再植手术两个月以后，手与前臂动脉的造影，证明吻合血管畅通无阻。

∨1963年，负责施行断手再植手术的是上海第六人民医院的钱允庆（左）和陈中伟（右）两位医生。这次手术在国内医学界从未做过。图为两位医生在研究接手后的X光片。

汤飞凡分离出沙眼衣原体

1955 年，汤飞凡分离出沙眼衣原体，是世界上第一个分离出沙眼病毒的学者，因此，沙眼病毒国际上命名为“汤氏病毒”。他所创建的方法被广泛采用，后来许多类似的病原被分离出来，一类介于细菌与病毒之间的特殊微生物——衣原体陆续被发现。汤飞凡是迄今为止唯一的发现重要病原体并开辟了一个研究领域的中国微生物学家。由于沙眼病原的确认，使沙眼病在全世界大为减少。1982 年，在巴黎召开的国际眼科学大会上，国际沙眼防治组织为表彰他的卓越贡献，追授给他金质沙眼奖章。

< 汤飞凡（1897—1958），生物学家、医学家，中国科学院学部委员（院士）。1955 年，中国科学院抗生素学术会议在北京举行。图为苏联微生物学家克拉西尔尼科夫通讯院士（右一）和中央人民医院院长钟惠澜（左一）、卫生部生物制品研究所所长汤飞凡（左二）、中央轻工业部医药工业管理局工程师瓮远（右二）交谈。（新华社记者谈培章 摄）

肝胆外科的奇迹

肝脏是人体血液供应最丰富的器官，它担负着物质代谢、消化、储藏、解毒、凝血等数十种功能。医学发展到了今天，创造了人工心脏、人工肺、人工肾等，但是仍无法用任何东西完全替代肝脏的复杂功能。治疗肝癌的主要方法就是手术切除。20 世纪 50 年代，肝胆外科在国际上被视为“禁区”，正处于探索阶段。而那时的中国还没有单列的肝脏外科，肝脏手术更是处于空白阶段。肝脏手术常常因大出血导致患者死亡，国际上成功的手术屈指可数。吴孟超是我国肝胆外科的开拓者和主要创始人之一。20 世纪 50 年代，他最先提出中国人肝脏解剖“五叶四段”新见解；60 年代初，首创常温下间歇肝门阻断切肝法，并率先突破人体中肝叶手术禁区，成功地施行了世界上第一例完整

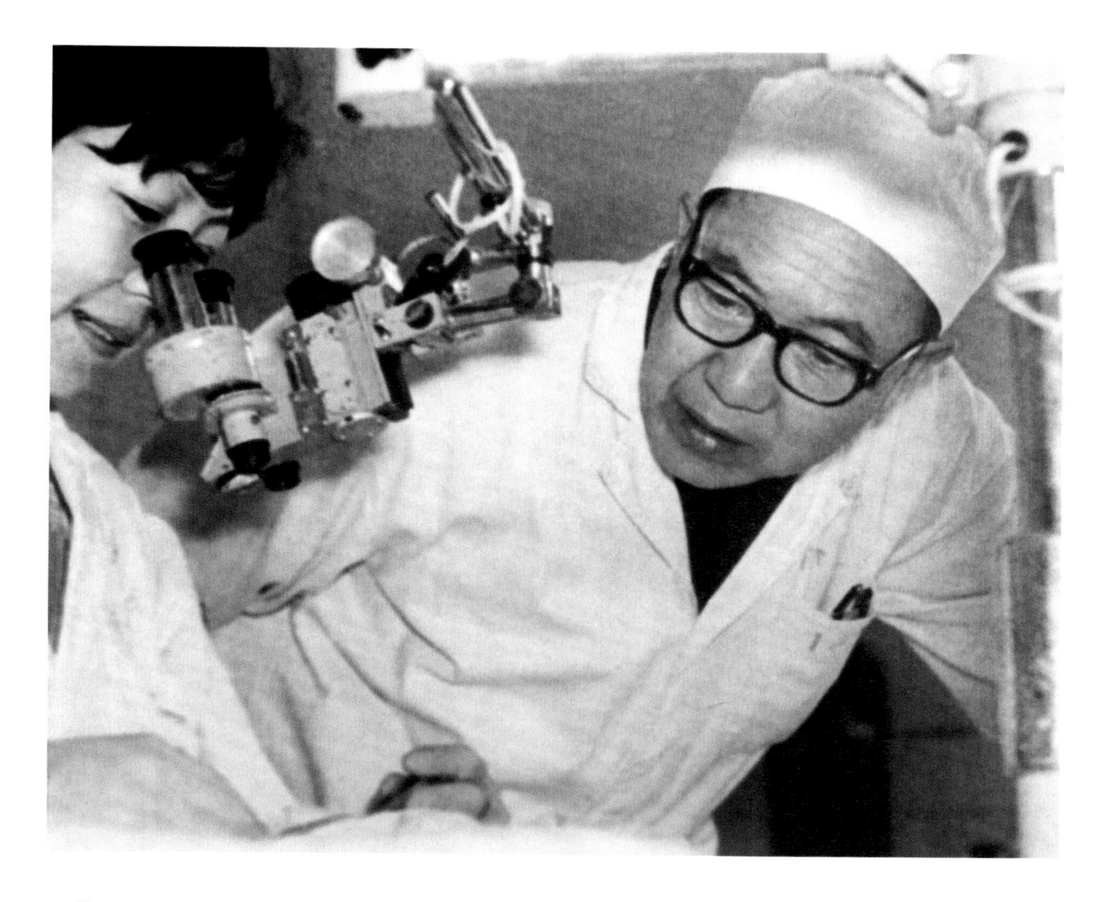

∧ 吴孟超（1922— ），著名肝胆外科专家，中国科学院学部委员（院士），中国肝脏外科的开拓者和主要创始人之一，被誉为“中国肝胆外科之父”。他是中国第一位获得国家最高科学技术奖的医生。年轻时，他曾许下宏愿：“要把中国肝癌大国的帽子扔到太平洋里去。”

的中肝叶切除手术，一举突破了世界肝脏外科史上的重大难题。不久，他又连续做了 3 例中肝叶切除，而且全部成功，这标志着吴孟超所开创的肝脏外科技术体系已经发展成熟，并在 60 年代带动了全国肝癌切除手术的普遍发展，使我国肝脏手术的死亡率从 50 年代的 33%，降到了六七十年代的 4.83%。他提出来的“五叶四段”肝脏解剖理论一直沿用至今，大大提高了手术的成功率。

（六）支持基础科学研究全面发展

为了防止忽视基础研究，《十二年科技规划》中专门补充制定了一个《基础科学研究规划》，以加强对数学、物理学、化学、天文学、生物学、地理学的研究。

基础科学的研究以深刻认识自然现象、揭示自然规律，获取新知识、新原理、新方法和培养高素质创新人才等为基本使命，是高新技术发展的重要源泉，是培育创新人才的摇篮，是建设先进文化的基础，是未来科学和技术发展的内在动力。《基础科学研究规划》提出，加速发展基础科学和技术科学，填补这方面重要的空白；发展基础研究要坚持服务国家目标与鼓励自由探索相结合，遵循科学发展的规律，重视科学家的探索精神，突出科学的长远价值，稳定支持，超前部署，并根据科学发展的新动向，进行动态调整。在《十二年科技规划》执行期间，我国的基础科学的研究已经开始和技术科学、应用科学的研究结合起来，成为解决经济和国防建设中许多重大问题的必不可少的组成部分。许多基础科学的研究成果获得了国际学术界高度评价。

华罗庚的复变函数论

华罗庚是我国解析数论、典型群、矩阵几何学、自守函数论与多复变函数论等很多方面研究的创始人，也是我国进入世界著名数学家的杰出代表。华罗庚多元复变函数的研究始于20世纪40年代。以复数作为自变量的函数就叫做复变函数，而与之相关的理论就是复变函数论。解析函数是复变函数中一类具有解析性质的函数，复变函数论主要就研究复数域上的解析函数，因此通常也称复变函数论为解析函数论。

∨华罗庚（1910—1985），数学家，中国科学院学部委员（院士）。

∧ 吴文俊（1919 — 2017），数学家，中国科学院学部委员（院士）。

吴文俊的拓扑学

吴文俊从 20 世纪 40 年代起从事代数拓扑学的研究，取得了一系列重要的成果，其中最著名的是吴示性类与吴示嵌类的引入和吴公式的建立，并有许多重要应用。数学界公认，在拓扑学的研究中，吴文俊起到了承前启后的作用。20 世纪 50 年代，吴文俊和同时代几位著名数学家的共同工作，推动了拓扑学蓬勃发展，使之成为数学科学的主流之一，为此曾获 1956 年度国家自然科学奖一等奖。

∧ 张钰哲（1902—1986），天文学家，中国科学院学部委员（院士）。

张钰哲观测小行星

20 世纪 50 年代末，张钰哲的小行星光电测光研究成绩很突出。在他的带领下，紫金山天文台发表的小行星光变曲线有几十条，其中有些小行星的光变曲线图在国际上系首次发表，并且由于观测质量相当好，不少曲线的数据被国外的研究者广泛地引用。他所发表的多篇高质量论文和很多学术著作已成为经典文献。此外，张钰哲和他所领导的紫金山天文台，还对小行星的运动和物理性质进行研究，为小行星的起源和演化问题提供了有价值的资料。他们发现的一些轨道特殊的小行星将有可能成为天然的空间站，作为人类向遥远的太空航行的一个跳板。

∧ 著名核物理学家王淦昌院士是我国实验原子核物理、宇宙射线及粒子物理研究事业的先驱和开拓者，在国际上享有很高的声誉。在 70 年的科研生涯中，他始终活跃在科学前沿，孜孜以求，奋力攀登，取得了多项令世界瞩目的科学成就。他是中国科学院资深院士、“两弹一星”功勋奖章获得者，为后来者树立了崇高的榜样。

王淦昌发现反西格玛负超子

20 世纪 50 年代末，一条轰动全球的新闻从苏联杜布纳联合原子核研究所传出——在这里工作的中国物理学家王淦昌直接领导的研究组，在 100 亿电子伏质子同步稳相加速器上做实验时发现了反西格玛负超子。反西格玛负超子的发现，在当时引起了巨大轰动。《自然》杂志指出：“实验上发现反西格玛负超子是在微观世界的图像上消灭了一个空白点。”世界各国的报纸纷纷刊登了关于这个发现的详细报道，“王淦昌”成了新闻导语中的主题词之一。

朱洗培育出单性生殖的蟾蜍

1951—1961 年，朱洗创建了激素诱发两栖类体外排卵的实验体系，用以研究卵母细胞成熟、受精和人工单性生殖，发现输卵管的分泌物是蟾蜍卵球受精决定性物质，提出两栖类“受精三元论”，并培养出世界上第一批“没有外祖父的癞蛤蟆”。他发现低温休眠是中华大蟾蜍卵球成熟必不可缺的外部条件，提出鲤科鱼类和两栖类一样，不同

∧ 朱洗（1900—1962），实验胚胎学家、细胞学家、鱼类学家、生物学家，中国科学院学部委员。他根据桑蚕卵是生理的多精子受精的特性，用了 14 个品系的家蚕做材料来进行混精杂交的实验。图为朱洗（左）在观察家蚕混精杂交试验后所得到的蚕茧。

成熟程度卵球的受精与胚胎正常发育密切相关，从理论上指导了家鱼的人工孵化工作。他还进行了家蚕混精杂交研究，发现逾数精子能影响子代的遗传性，为家蚕育种提供了新方法。他领导的蓖麻蚕的驯化与培育工作，解决了孵化、饲养、越冬保种后，在全国 20 多个省推广，为纺织工业增加了一种原料。曾获 1954 年国家发明奖和 1989 年中国科学院科学技术进步奖一等奖。

冯康创立有限元方法

20 世纪 50 年代末 60 年代初，伴随着计算机的发展，科学计算在西方兴起。冯康敏锐地悟出科学发展进入了转折时期，中国面临难得的机遇。冯康带领他的科研小组承担了国家下达的一系列计算任务。

开创有限元方法的契机来自国家的一项攻关任务，即刘家峡大坝设计的计算问题。面对这样一个具体实际问题，冯康以敏锐的眼光发现了一个基础问题。1965 年冯康在《应用数学与计算数学》上发表了《基于变分原理的差分格式》一文，在极其广泛的条件下证明了方法的收敛性和稳定性，给出了误差估计，从而建立了有限元方法严格的数学理论基础，为其实际应用提供了可靠的理论保证。这篇论文的发表是我国学者独立创立有限元方法的标志。有限元方法的创立，是计算数学发展的一个重要里程碑。

∧ 冯康（1920—1993），数学家，中国科学院学部委员（院士）。中国计算数学的奠基人和开拓者。

邹承鲁的“邹氏作图法”

邹承鲁在生物化学领域做出了具有重大意义的开创性工作，是近代中国生物化学的奠基人之一。他早年师从英国剑桥大

邹承鲁（1923—2006，左），生物化学家，中国科学院学部委员（院士）。>

学著名生物化学家凯林（Kelin）教授从事呼吸链酶系研究。20 世纪 60 年代初邹承鲁回到酶学研究领域。1962 年，邹承鲁建立的蛋白质功能基团的修饰与其生物活力之间的定量关系公式被称为“邹氏公式”，被国际同行广泛采用；他创建的确定必需基团数的作图方法被称为“邹氏作图法”，已收入教科书和专著。有关蛋白质结构与功能关系定量研究的成果于 1987 年获国家自然科学奖一等奖。

人工合成胰岛素

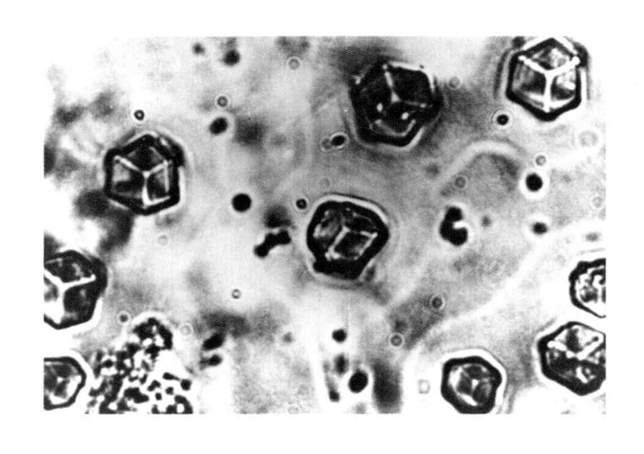

人工合成胰岛素的结晶体。

从 1958 年开始，中国科学院上海生物化学研究所、中国科学院上海有机化学研究所和北京大学生物系三个单位联合，以钮经义为首，由龚岳亭、邹承鲁、杜雨花、季爱雪、邢其毅、汪猷、徐杰诚等人共同组成一个协作组，在前人对胰岛素结构和肽链合成方法研究的基础上，开始探索用化学方法合成胰岛素。经过周密研究，他们确立了合成牛胰岛素的程序。

1965 年 9 月 17 日，完成了结晶牛胰岛素的全合成。经过严格鉴定，它的结构、生物活力、物理化学性质、结晶形状都和天然的牛胰岛素完全一样。这是世界上第一个人工合成的蛋白质，使人类认识生命、揭开生命奥秘迈出了可喜的一大步。这项成果获 1982 年中国自然科学奖一等奖。

我国人工合成胰岛素，是在多肽化学基础相对比较薄弱的情况下，迅速取得了世界领先地位的。图为研究人员在人工合成 B 链肽段和 A 链肽段。

李四光提出“陆相生油”理论

∧ 李四光（1889—1971），科学家、地质学家、教育家和社会活动家，中国科学院学部委员（院士）。

1959年，地质学家李四光等人提出了“陆相生油”理论。李四光明确指出：“找油的关键不在于‘海相’‘陆相’，而在于有没有生油和储油条件，在于对构造规律的正确认识。”他的观点打破了西方学者的“中国贫油论”。他概括的有利生油条件包括：①要有比较广阔的低洼地区，曾长期以浅海或面积较大的湖水所淹没；②这些低洼地区的周围，曾经有大量的生物繁殖，同时，在水中也要有极大量的微生物繁殖；③要有适当的气候，为大量生物滋生创造条件；④要有陆地上经常输入大量的泥、沙到浅海或大湖里去，迅速把陆上输送来的大量有机物质和水中繁殖速度极大、死亡极快的微生物埋藏起来，不让其腐烂成为气体向空中扩散而消失。李四光的科学预见得到了证实，随后接二连三的油层被发现，迎来了我国石油工业的高速度发展，宣告了“中国贫油论”的彻底破产，再一次证实了李四光理论的正确性。

（七）健全科技队伍与加强国际交流

《十二年科技规划》的实施，对我国科研机构的设置和布局、高等院校学科及专业的调整、科技队伍的培养方向和使用方式、科技管理的体系和方法，以及我国科技体制的形成起了决定性的作用。

要在12年内使我国某些重要的、急需的科学部门接近或赶上世界先进水平，适应国家建设的需要，应该主要依靠自己的力量来发展科学技术，同时必须尽力争取国际上的帮助。为此，我国充分利用科学技术上国际合作的力量，大力开展与各国之间的科学技术交流活动，使我们在最短时间内掌握国际现有的先进科学技术成就，进行创造性的科学研究，以迅速提高我国的科学技术水平，并进一步丰富世界科学宝库，促进各国科学的共同繁荣与发展。

加强高等院校建设

为了加强内陆地区高校发展，改变高校过于集中的状况，中央决定将沿海地区一部分高校或系科内迁，同时以某些内迁专业为基础，建成或扩建一部分高校。

1958 年 9 月，为适应科学技术、国防建设以及国民经济发展需要，培养国家急需的尖端科技人才，中央决定由中国科学院在北京创办一所大学，时任中国科学院院长的郭沫若亲自担任首任校长，这就是中国科学技术大学。与老牌名校北京大学、清华大学相比，中国科学技术大学可谓后起之秀，其培养的大批优秀学生先后成为科研单位和高等院校的骨干力量。

中国科学技术协会成立

1958 年 9 月 18—25 日，中华全国自然科学专门学会联合会（简称全国科联）和中华全国科学技术普及协会（简称全国科普）在北京联合召开全国代表大会，聂荣臻代表中共中央、国务院发表了重要讲话。大会通过了《关于建立“中华人民共和国科学技术协会”的决议》。一届全委会选举李四光为主席，梁希、侯德榜、竺可桢、吴有训、丁西林、茅以升、万毅、范长江、丁颖、黄家驷共 10 人为副主席。选举严济慈、陈继祖、周培源、涂长望、夏康农、聂春荣为书记处书记。

中国科学技术大学 1958 年创办于北京，1970 年迁至安徽省合肥市，该校有中国“科技英才的摇篮”之称，在国内外均享有较高声誉。图为郭沫若与中国科学技术大学的学子在一起。

中国科学技术协会第一次全国代表大会。

中华人民共和国科学技术协会（简称“中国科协”）是科技工作者的群众组织，是中国共产党领导下的人民团体，是党和政府联系科技工作者的纽带和桥梁，是国家推动科技事业发展的重要力量。中国科协成立后，坚持围绕中心，服务大局，始终把加强党和政府同科技工作者的联系作为基本职责，把竭诚为科技工作者服务作为根本任务，把科技工作者是否满意作为衡量工作的主要标准。在促进科学技术的繁荣和发展，促进科学技术的普及和推广，促进科技人才的成长和提高，促进科学技术与经济的结合，建设“科技工作者之家”等方面取得了丰硕成果，受到了党和人民的高度评价，赢得了社会的广泛赞誉。

世界科协北京中心成立

1963 年 9 月 25 日，世界科协北京中心在北京正式成立。世界科协秘书长毕加，亚洲、非洲、大洋洲、拉丁美洲的 21 个国家的代表以及上千名中国科学家应邀出席了世界科协北京中心成立大会。大会由身兼世界科协副主席和中国科协副主席双职的周培源主持，他在开幕词中说，世界科协北京中心的成立是“广大科学技术工作者生活中的一件大事”。国务院总理周恩来、副总理聂荣臻等接见了来北京参加大会的各国代表。世界科协不仅是新中国科技社团加入的第一个多边国际科技组织，还是长期以来中国打破封锁，与国际科技界相互沟通的重要平台。

学术讨论会顺利召开

1964 年 8 月 21—31 日，北京科学讨论会在北京召开。与会的有亚洲、非洲、大洋洲、拉丁美洲 44 个国家和地区的 367 名科学家和政府官员。各国代表包括自然科学、社会科学两方面的专家。会议交流了科学研究的成果和经验，探讨了争取和维护民族独立，发展民族经济、文化和科学事业，促进各国间科技合作等大家共同关心的问题。会议期间，党和国家领导人毛泽东、刘少奇、朱德、周恩来、邓小平、彭真、陈毅、聂荣臻、谭震林、陆定一、罗瑞卿、林枫、杨尚昆、叶剑英、郭沫若、包尔汉、张治中接见了与会代表。会议对四大洲各国以及全世界科学事业的进一步发展，产生了重大和深远的影响。

1966 年 7 月 23—31 日，暑期物理讨论会在北京召开。来自亚洲、非洲、拉丁美洲、大洋洲 33 个国家和 1 个地区性学术组织的 144 名代表参加了会议，周恩来总理发来了贺电。参加 1966 年暑期物理讨论会的中国代表团由 36 人组成，与会各国物理学家在基本粒子、核物理、固体物理学等领域提交了 99 篇学术论文。此次暑期物理讨论会的举办发扬了民主协商、积极合作的精神，增进了四大洲科学家之间的团结和友谊。

∨ 参加 1964 年北京科学讨论会的代表在会议期间进行参观考察。

^ 1964 年 8 月 21—31 日，北京科学讨论会在北京召开。

二、自力更生　迎头赶上
——《十年科技规划》的实施

20世纪60年代，国内外形势发生了重大变化。当时苏联撤走全部科研人员；国内又受“反右”和“大跃进”的影响，科研积极性受挫。1960年冬，党中央提出“调整、巩固、充实、提高”八字方针，要求对各行各业的工作进行调整，在这种情况下提出了《1963—1972年科学技术发展规划》(简称《十年科技规划》)，它是在《十二年科技规划》所确定的主要任务基本完成的基础上制定的第二个科学技术发展规划，方针是“自力更生，迎头赶上”，力求经过艰苦的努力，在不太长的历史时期内，把中国建设成一个具有现代工业、现代农业、现代科学技术和现代国防的社会主义强国；强调“科技现代化是实现农业、工业、国防现代化的关键”。《十年科技规划》尽管受到“文化大革命”的影响，但仍然取得了许多可喜的成就。

（一）资源调查成就

《十年科技规划》的目标之一，是加强对我国资源的综合考察，加强资源的保护和综合利用的研究，为国家建设提供必要的资源根据。为此，有关学者对黄河流域、长江流域和黄淮海平原等地区进行了大量的调查，拟订了治理和开发方案，实施了华北、盘锦、江汉、中原等地区油气资源的勘探和开发。

对太平洋海域首次进行科学调查

1976年7月，我国远洋科学调查船向阳红5号和向阳红11号成功进行了我国首次对太平洋海域的科学调查，获得了大量的、多学科的第一手资料。

∧ 远洋科学调查船向阳红 5 号和向阳红 11 号。

（二）农业科学技术成就

农业是国民经济的基础，党中央提出，在实现农业社会主义改革的基础上，逐步实现农业技术改革。1963—1972 年，全国农业科学技术的首要工作，就是要为多快好省地完成这一伟大而艰巨的历史任务，提供充分和确切的科学技术依据。

土地资源的合理利用

关于当时发展我国农业生产的条件，有这样一些基本的情况：耕地比较少，平均每人大约只有两亩半地（1 亩≈667 平方米，下同），宜农荒地也不多。在 16 亿亩耕地中，大约 2/3 是较好的土地，1/3 是低产田。农业的机械化、电气化、化学化水平较低，不少地区还有待进一步水利化。在 16 亿亩耕地之外，我国有广大的草原、丘陵、山岳和水域，利用得当，可以大规模地发展农、林、牧、副、渔业。在掌握利用农药、化肥、农业机械等现代化生产条件方面，我国已经积累了一些经验，取得了一些科学研究成果。因此，要求农业科学研究采用单科性研究与综合性研究相结合，总结提高农民生产经验和祖国农学遗产与发展现代科技相结合，科学研究与推广普及相结合。在《十年科技规划》执行期间，完成了全国耕地土壤普查、改良土壤、合理施肥、病虫害防治、改良土壤和栽培技术、治沙、治碱等许多研究试验项目。

< 袁隆平（1930— ），中国工程院院士，享誉世界的“杂交水稻之父”。

袁隆平的“东方魔稻”

袁隆平于 1964 年率先开展水稻杂种优势利用研究，率领团队最先发现了水稻雄性不育株，指出水稻具有杂种优势现象，并提出通过不育系、保持系、恢复系来利用杂种优势的设想。1972 年育成中国第一个水稻雄性不育系二九南 1 号 A 和相应的保持系二九南 1 号 B；1973 年育成第一个杂交水稻强优组合南优 2 号；1975 年，与协作组成员一起攻克了制种技术难关，从而使中国成为世界上第一个在生产上成功利用水稻杂种优势的国家。袁隆平带领他的科研队伍，赋予世界强大的战胜饥饿的力量。中国的杂交水稻因此被世界称为“东方魔稻”。

修建红旗渠

红旗渠位于河南省安阳市辖内的林州北部，河南、山西、河北三省交界于此。红旗渠由总干渠及 3 条干渠、数百条支渠组成，总长 2000 千米。总干渠长 70.6 千米，渠墙高 4.3 米、宽 8 米，引水量 20 立方米 / 秒。1965 年 4 月 5 日红旗渠总干渠通水；1969 年 7 月完成了干、支、斗渠配套建设。

∧ 刚竣工时的红旗渠。（新华社记者　摄）

（三）工业科学技术成就

在国民经济中，工业起着主导作用。我国当时工业生产水平与世界先进水平有相当的差距，主要反映在工业技术方面。要在 10 年内提高基础工业的技术水平，不失时机地建立新兴工业部门，把我国工业发展水平提高到世界 20 世纪 60 年代水平。只有如此，才能保证用 20 ~ 25 年的时间基本上实现农业的技术改革，才能适应国防现代化的要求，才能加速工业的发展，才能提供现代化的科学研究仪器和材料，使我国科学技术接近和赶上世界先进水平。为落实《十年科技规划》中的工业科学技术目标，广大科技人员“自力更生，艰苦奋斗”，创造出了丰富的科技成果，如设计建造了攀枝花钢铁基地、第二汽车制造厂、成昆铁路、万吨远洋巨轮、大型煤矿、大型水电站和火电站等，重型机械厂制造了工厂、矿山、铁路所需要的成套设备等。

中国第二汽车制造厂

1964 年，党中央把建设中国第二汽车制造厂（以下简称二汽）纳入第三个五年计划的重点项目，周恩来总理代表党中央做出了“二汽厂址可以确定在湖北省郧县十堰地

< 湖北十堰市是东风汽车集团（原中国第二汽车制造厂）总部所在地。全市与东风汽车公司配套的地方工业企业多达二百余家，具有很强的综合配套能力。

区”的批示。1967 年 4 月 1 日，在大炉子沟举行开工典礼，1969 年开始大规模建设，从此掀起了二汽建设的高潮。

东风号万吨货轮

东风号万吨货轮由江南造船厂承造，在“自力更生，迎头赶上”的方针下，建造我国自主研发的万吨级远洋货轮是《十年科技规划》的重点项目之一。东风号是我国第一艘自行设计自行建造的万吨级货轮。该货轮于 1958 年年初着手设计，仅三个半月就完成了整个施工设计图纸，创造了高速度设计大型船舶的纪录。1959 年 4 月 15 日，货轮下水，船台周期 49 天。它集中反映了我国当时的船舶设计、制造水平以及船舶配套生产能力，为我国大批量建造万吨级以上大型船舶奠定了基础。东风号下水后，正赶上三年困难时期，我国面临着严峻的国际环境，配套设备绝大部分都需由我国自行研制，安装工程陷于停顿，船壳在黄浦江畔停泊了几年，一直到 1965 年年底内部安装全部完成并经过鉴定，东风号货轮的制造才宣告成功。1965 年 12 月 31 日，东风号正式竣工交船。

东风号万吨货轮的成功建造，标志着我国造船工业跨上了一个新的台阶。

成昆铁路建成通车

成昆铁路自成都南站至昆明，全长 1091 千米。1958 年开工，1970 年 7 月通车，1970 年 12 月交付运营。线路穿越大小凉山，途经深两三百米的“一线天”峡谷。从金口河到埃岱 58 千米线路上有隧道 44 座。从甘洛到喜德 120 千米地段 4 次盘山绕行 50 千米，13 次跨牛日河，其间有 66 千米隧道和 10 千米桥梁。过喜德后 8 次跨安宁河，在三堆子过金沙江。金沙江河谷是著名的断裂带地震区，线路在河谷 3 次盘山，47 次跨龙川江，然后南下至昆明。

成昆铁路土石方工程近 1 亿立方米，隧道 427 座，延长 345 千米，桥梁 991 座，延长 106 千米，桥隧总延长占线路长度的 41%。全线 122 个车站中有 41 个因地形限制而设在桥梁上或隧道内。这条铁路是西南地区的路网骨架，对开发西南资源，加速国民经济建设，加强民族团结和巩固国防都具有重要意义。

1 | 2

1. 中国西南地区的交通大动脉——成昆铁路运营以来，已成为发展西南经济的生命线和沟通边陲与我国其他地区的纽带。图为建设中的成昆铁路。
2. 在地形复杂的四川、云南两省之间修筑的成昆铁路，其险峻程度，使这条铁路成为一个奇迹。

（四）医学科学技术成就

医学领域的总目标是，在保护和增进人民健康、防治主要疾病和计划生育等方面的重要科学技术问题上，做出显著成绩。对影响国民经济建设和威胁人民健康较严重疾病的防治工作，有效地解决其中关键的科技问题，以控制和消灭这些疾病。在临床医学、预防和基础医学的理论和某些新技术在医学上的应用等方面取得重大成果，并形成有高度研究水平的医学科研中心。在总结中医的临床经验和对中医、针灸的研究工作中做出贡献；在用现代科学来整理研究我国丰富的医药遗产方面，形成比较完整的、更有效的方法。在药物、抗生素、生物制品和医疗器械的研究方面，为提高质量和增加新品种提出科学依据，使药物和医疗器械基本上做到自给自足。

结核病的防治

结核病是一种古老的疾病，同时也是世界上最主要的传染性疾病之一。当时我国结核病流行具有六大特点：一是感染人数多；二是患病人数多；三是新发患者多；四是死亡人数多；五是农村患者多，全国约 80% 的结核病患者集中在农村；六是耐药患者多，

新中国成立后，我国许多地区建立了结核病防治所，为农村防痨工作提供了有利的条件。为预防儿童结核病开展了卡介苗接种，接种人数逐年增长。

而且这一问题有继续加重趋势。新中国成立以来，在各级政府的重视与领导下，为提高结核病人发现率，已出台多项政策或措施，如扩大免费治疗范围，加强医疗机构中结核病人的登记与管理，设立结核病人督导管理制度等，为保障人民身体健康做出了巨大贡献。

总结和发扬传统医学——中医

中国传统医学是我国人民长期同疾病作斗争的极其丰富的经验总结，已有数千年的历史，是我国优秀民族文化的重要组成部分，是研究人体生理、病理以及疾病的诊断和防治的一门科学，与我国的人文地理和传统学术思想有着密切的联系。我国是一个幅员辽阔、人口众多的国家，在许多地方，特别是在拥有众多人口的广大农村，人们防病治病，还习惯采用传统治疗方法。传统医药在预防、保健、养生、康复等方面具有一定的潜力。中国的传统医学由中医学、民族医学和民间草医草药三部分组成。随着时代的发展，现代科学技术在中国传统医学领域的应用也在不断扩大，出现了不少新的治疗方法和科研成果，使古老的中国传统医学焕发了青春。

1 2

1. 郭士魁（1915—1981），中医内科专家，毕生致力于中医中药防治冠心病的研究，发展了活血化瘀、芳香温通的理论，与其他人员一起创制了冠心病Ⅱ号方、宽胸丸和宽胸气雾剂等名方。
2. 图为有多年行医经验的老大夫与青年医生一起总结正骨经验。

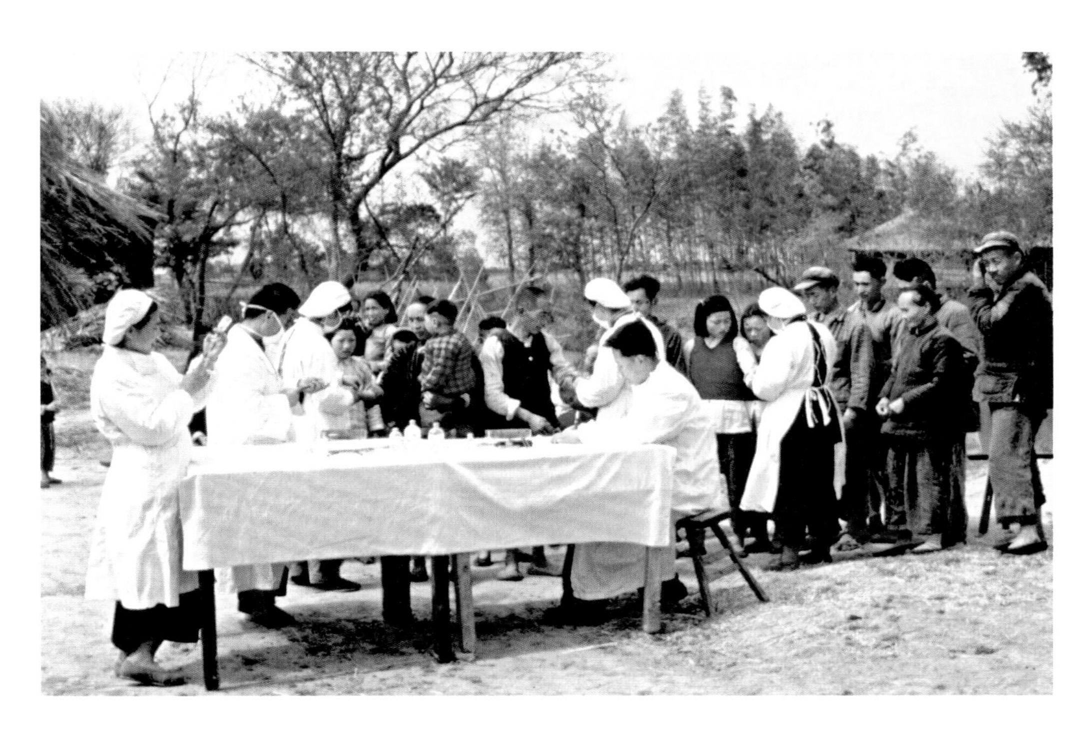

图为江苏太仓的 > 医务人员在农村调查血吸虫病害情况。

消灭血吸虫病

∧ 谢毓元（1924— ），药物化学家，中国科学院学部委员（院士）。图为他任上海科学院药物研究所助理研究员时真空蒸馏一种新发现的治疗血吸虫病的药物。

血吸虫病在我国流行已久，对人民的危害极其严重。病害流行地区遍及江苏、浙江等 12 个省、直辖市，患病人数有1000多万，受到感染威胁的人口在 1 亿以上。血吸虫病严重地影响着病害流行地区的农业生产和人民健康，消灭血吸虫病成为当时一项重要的政治任务。1957 年，国务院发布了关于消灭血吸虫病的指示，鉴于在血吸虫病流行地区中，有些地方还兼有其他严重的病害流行。因此，血吸虫病流行地区各级人民委员会在防治血吸虫病工作中，准备条件，逐步结合防治其他危害严重的疾病。在血吸虫病流行的少数民族地区，布置和推动防治工作时，充分地照顾到人们的生活、生产习惯和宗教风俗特点，耐心地进行宣传教育，稳步地进行防治工作，在经济上和技术上给予他们大力的帮助和支持。

麻风病的治疗与预防

1956 年 1 月，中共中央颁布的《全国农业发展纲要（草案）》中明确了麻风病应当积极防治的任务后，中国医学科学院皮肤病研究所多次承担全国性的麻风防治任务。麻风病是由麻风杆菌引起的一种慢性接触性传染病，主要损害人体皮肤和神经，如果不治疗可引起患者皮肤、神经、四肢和眼的进行性和永久性损害。麻风病的流行历史长久，分布广泛，给流行区人民带来深重灾难。为了控制和消灭麻风病，各地坚持“预防为主”的方针，贯彻“积极防治，控制传染”的原则，执行“边调查、边隔离、边治疗”的做法，积极发现和控制传染病源，切断传染途径；同时，提高周围自然人群的免疫力，对流行地区的儿童、患者家属以及麻风菌素及结核菌素反应均为阴性的密切接触者给予卡介苗接种，或给予有效的化学药物进行预防性治疗。

∧ 刘吾初（1924— ），麻风病学专家。他千方百计地解除患者痛苦，为此贡献了全部心血与才智。

∧ 屠呦呦（1930— ），药学家，多年从事中药和中西药结合研究，取得显著成绩，带领课题组人员研制了新型抗疟药青蒿素和双氢青蒿素。2015 年获诺贝尔生理学或医学奖。

研制出世界公认的创新药物——青蒿素

1969 年，中国中医研究院接受抗疟药研究任务，屠呦呦任科技组组长。然而，由于种种原因，研究工作难以开展。1971 年，在广州召开抗疟专业会议，周恩来总理对此作了重要指示，屠呦呦带领课题组重新投入了攻关研究。在查阅文献时她注意到东晋名医葛洪的《肘后备急方》中称，“青蒿一握，以水二升渍，绞取汁，尽服之”可治“久疟”。根据这条线索，课题组改进了提取方法，所得青蒿提取物对鼠疟效价有了显著提高；此后，为确保用药安全她还亲自试服。1972 年，课题组从黄花蒿中分离得到抗疟有效单体，对鼠、猴疟的原虫抑制率达到 100%，被命名为青蒿素。同年，屠呦呦携药赴海南昌江地区试用，取得 30 例青蒿素抗疟成功的案例。截至 1978 年，共治疗 2099 例疟疾病例，全部获得临床痊愈，使青蒿素成为令人瞩目的抗疟新药。

（五）技术科学领域成就

技术科学正处于一个飞跃发展的阶段，成为现代科学技术体系中一个重要的组成部分。基础科学、技术科学和工程技术三者的密切结合，对贯彻理论联系实际的原则和提高科学技术水平具有重大意义。技术科学各学科的任务是，着重研究工业生产和工程技术各部门中具有共同性的科学理论，以解决多方面的工业生产和工程技术问题。一方面综合运用基础科学的研究成果；另一方面总结生产实践经验，把二者紧密结合起来，发展为系统理论。技术科学的发展目标是，密切配合国防和经济建设需要，研究解决关键性的技术科学问题，大力培养科技人才队伍，发展现代化实验技术，争取在一些重要领域接近或赶上世界先进水平。

中国第一颗科学实验人造地球卫星

1971 年 3 月 3 日，我国成功地发射了一颗科学实验人造地球卫星，卫星重 221 千克。其运行轨道距地球最近点 266 千米，最远点 1826 千米，轨道平面与地球赤道平面的夹角为 69.9°，绕地球一周需 106 分钟。它用 20009 兆赫和 19995 兆赫的频率成功地向地面发回了各项科学实验数据，卫星上带有宇宙线、X 射线、高磁场和轨道外热流探测器，使我国首次用卫星获取了空间物理数据。

激光受控核聚变

核聚变能释放出巨大的能量，要利用人工核聚变产生的巨大能量为人类服务，就必须使核聚变在人们的控制下进行，这就是受控核聚变。实现受控核聚变，具有极其诱人的前景，但是也存在许多难以想象的困难。尽管如此，人们经过不断的研究还是取得了

1	2

1. 1971 年 3 月 3 日，我国发射了第一颗科学实验人造地球卫星。
2. 1975 年，为了验证激光具有压缩靶物质的能力，上海光学精密机械研究所建立了一座输出功率为千亿瓦的六路大功率激光打靶实验装置。此图为工作人员对激光核聚变靶室进行调整。

可喜的进展。科学家设计了许多巧妙的方法，如用强大的磁场来约束反应、用强大的激光来加热原子等。我国的受控核聚变研究始于20世纪50年代中期，核工业西南物理研究院（1965年成立）和中国科学院等离子体物理研究所（1978年成立）是我国两家专业从事磁约束核聚变研究的单位。中国科学技术大学、清华大学、华中科技大学、北京科技大学等有关实验室也在开展相关的研究工作。

（六）基础科学领域成就

基础科学的发展，对于工业、农业、医学以及军事科学技术等的发展都具有深远的影响。许多重大的技术上的革新和新型生产技术部门的出现，同现代基础科学研究的新成就分不开，并且往往就是在实践中直接应用基础科学研究成果的结果。基础科学研究所达到的水平，标志着整个自然科学研究所达到的水平。大力发展基础科学的研究，已经成为现代各科学技术先进国家的一项重要科技政策。

基础科学的主要目标是，加速发展基础科学和技术科学，充实科学理论的储备，加强科学调查和实验资料的积累，建立和加强重要的和空白薄弱的部门。有效地配合解决我国社会主义建设中的重大科技问题，特别是要在配合农业攻关和尖端技术发展上做出贡献，并在某些重大科学理论问题上取得重要成果。同时积极培养人才，有计划地建立、充实研究中心和实验基地，形成我国现代基础研究体系。

陈景润的哥德巴赫猜想

研究哥德巴赫猜想是陈景润中学时代就定下的志向，为此，他一心一意地奋斗了一生。陈景润选用筛法去解决问题，这需要进行大量繁复的计算。他专心致志、心无旁骛，把自己关在一间仅有6平方米的宿舍里，过着一种类似隐居的生活。桌面上、地板上、床铺上、木箱上，都堆满了他的稿纸。他运算过的稿纸装满麻袋被塞在床底下。经过许多个日夜不懈的努力探索，陈景润终于写出了论文，登上了“1+2”的台阶。此前5位外国数学家证明“1+3”时用的是大型电子计算机，而陈景润单枪匹马用一支旧钢笔证明了“1+2”，即任何一个充分大的偶数都可以表示成为一个质数与另一个质因子不超过2的两个数的和。这一成果被称为“陈氏定理”。至此，哥德巴赫猜想只剩下最后一步了。陈景润于1966年发表了哥德巴赫猜想。他在研究哥德巴赫猜想和其他数论问题上的成就，至今仍然在世界上遥遥领先。陈景润本人也被称为“哥德巴赫猜想第一人”。

函数研究取得重要成果

杨乐和张广厚同时考入北京大学数学系，并且同班。1962年，他们从北京大学数学系毕业后，即考入中国科学院数学研究所成为研究生。20世纪70年代，张广厚与杨乐合作，首次发现函数值分布论中的两个主要概念“亏值”和“奇异方向”之间的具体联系，被数学界定名为“张杨定理”。

1

2

1. 陈景润（1933—1996），数学家，中国科学院学部委员（院士）。
2. 杨乐和张广厚两位数学家密切合作，在函数研究领域取得了重大成就。图为杨乐（中）、张广厚（右）和他们的老师庄圻泰（左）。（新华社记者李治元 摄）

竺可桢（1890—1974），>
地理学家和气象学家，中国气象学的奠基人，中国科学院学部委员（院士）。

竺可桢对中国古气候研究取得成果

竺可桢是中国近代地理学和气象学的奠基人。1961 年他撰写了《历史时代世界气候的波动》，1972 年他又发表了《中国近五千年来气候变迁的初步研究》等学术论文。前者依据北冰洋海冰衰减、苏联冻土带南界北移、世界高山冰川后退、海面上升等有关文献资料记述的地理现象，证明了 20 世纪全球气候逐步转暖，并由此追溯了历史时期和第四纪世界气候、各国水旱寒暖转变波动的历程，发现 17 世纪后半期长江下游的寒冷时期与西欧的小冰期相一致。从而指出：太阳辐射强度的变化，可能是引起气候波动的一个重要原因。这为历史气候的研究提供了新的论据，是他数十年深入研究历史气候的心血结晶，是一项震动国内外的重大学术成就。他充分利用了我国古代典籍与方志的记载以及考古的成果、物候观测和仪器记录资料，进行去粗取精、去伪存真的研究，得出了令人信服的结论。

三、“两弹一星”的辉煌

新中国成立后，大批优秀的科技工作者，包括许多在国外已经取得杰出成就的科学家，怀着对新中国的满腔热忱，义无反顾地投身到建设新中国的神圣而伟大的事业中来。他们在当时国家经济、技术基础薄弱和工作条件十分艰苦的情况下，自力更生，发愤图强，完全依靠自己的力量，用较少的投入和较短的时间，突破了原子弹、氢弹和人造地球卫星等尖端技术，取得了举世瞩目的辉煌成就。

对于中国而言，“两弹一星”的精神就是创造科技奇迹的态度与过程；是爱国主义、集体主义、社会主义精神和科学精神的体现；是中国人民在20世纪为中华民族创造的新的宝贵精神财富。我们要继续发扬光大这一伟大精神，使之成为全国各族人民在现代化建设道路上奋勇开拓的巨大推动力量。

航天事业创建

1956年10月8日，我国第一个导弹研究机构——国防部第五研究院正式成立。该研究院的组建受到毛泽东等国家领导人高度重视。国防部第五研究院成立，标志着中国航天事业正式创建。

航天发射中心的建设与起步

1958年10月，中国在甘肃酒泉以北的戈壁滩上建起了我国第一个航天发射场。该地区地势平坦，人烟稀少，属内陆及沙漠性气候，一年四季多晴天，日照时间长，可为航天发射提供良好的自然环境条件。酒泉卫星发射中心是科学卫星、技术试验卫星和运载火箭的发射试验基地之一，是中国创建最早、规模最大的综合型导弹、卫星发射中心。

太原卫星发射中心始建于1967年，位于山西省太原市西北的高原地区，地处温带，冬长无夏，春秋相连，无霜期只有90天，是中国试验卫星、应用卫星和运载火箭发射试验基地之一，主要承担太阳同步轨道和极地轨道航天器发射任务。1968 年 12 月 18 日，中国自己设计制造的第一枚中程运载火箭在这里发射成功。

西昌卫星发射中心始建于 1970 年，于 1983 年建成。西昌卫星发射中心位于四川省凉山彝族自治州境内，地处西昌市西北 65 千米处的大凉山峡谷腹地。该地区属亚热带气候，全年地面风力柔和适度，每年 10 月至次年 5 月是最佳发射季节，主要用于发射地球同步轨道卫星，也是探月工程的发射场。

西昌卫星发射中心。>

< 1967 年 6 月 17 日，我国成功爆炸了第一颗氢弹。（新华社 发）

原子弹和氢弹

中国发展核武器是在特定的历史条件下，迫不得已作出的决定。20 世纪 50 年代初，刚刚成立的新中国仍然受到战争的威胁，包括核武器的威胁。严峻的现实使中国国家领导人意识到，中国要生存、要发展，就必须拥有自己的核武器，铸造自己的利剑和盾牌。1964 年 10 月 16 日，我国第一颗原子弹成功爆炸。1967 年 6 月 17 日，我国又成功地进行了首次氢弹试验，打破了超级大国的核垄断、核讹诈，为维护世界和平做出了贡献。

第一颗人造地球卫星

1970 年 4 月 24 日，中国第一颗人造地球卫星东方红一号发射成功，这在中国航天史上具有划时代的意义，中国从而成为继苏联、美国、法国、日本之后第五个能够独立发射卫星的国家。东方红一号人造地球卫星是用中国自己研制的长征一号运载火箭在酒泉卫星发射场发射的。这颗卫星是一个直径约 1 米的球形多面体，重 173 千克，比苏联及美、法、日的第一颗人造卫星总重量之和还重。其轨道的近地点为 439 千米，远地点为 2388 千米，轨道平面和地球赤道平面的夹角为 68.5°，绕地球一周的时间为 114 分钟。把这颗卫星送上太空的长征一号运载火箭是一种三级固体混合型火箭，分别采用液体和固体火箭发动机，全长约 30 米，起飞重量 81.6 吨。东方红一号的发射成功，为中国航天技术的发展打下了极为坚实的根基，带动了中国航天工业的兴起，使中国的航天技术与世界航天技术前沿保持同步，标志着中国进入了航天时代。

∧ 1970 年 4 月 24 日，我国成功发射了第一颗人造地球卫星。

“两弹一星”功勋奖章获得者

“两弹一星”是新中国伟大成就的象征，是中华民族的骄傲。1999 年，在全国各族人民喜迎新中国 50 华诞之际，党中央、国务院、中央军委隆重表彰了为我国“两弹一星”事业做出卓越贡献的功臣。

“两弹一星”功勋奖章获得者（按姓氏笔画排序）：

于　敏　王大珩　王希季　朱光亚　任新民　孙家栋　杨嘉墀　吴自良

陈芳允　陈能宽　周光召　钱学森　黄纬禄　屠守锷　彭桓武　程开甲

追授：

王淦昌　邓稼先　赵九章　姚桐斌　钱　骥　钱三强　郭永怀

第3章
科学的春天

1978 年 3 月 18—31 日，中共中央、国务院在北京隆重召开了全国科学大会，邓小平同志在大会上着重阐述了“科学技术是生产力”这一马克思主义的基本观点，突出强调了科学技术在经济社会发展中的重要战略地位，明确指出“现代化的关键是科学技术现代化”；肯定了科技工作者在科技活动中的主体地位，明确指出“知识分子是工人阶级的一部分”，强调要尊重知识，尊重人才。这些论断澄清了束缚科技发展的重大理论是非问题，突破了长期以来禁锢知识分子的桎梏，奠定了我国新时期科技发展基本方针政策的思想理论基础，极大地鼓舞了全国科技工作者的创新热情。从此拉开了中国科技体制改革的序幕，标志着中国科学春天的到来！

1978 年 12 月在北京召开的党的十一届三中全会，是新中国成立以来党的历史上具有深远意义的重要会议，它从根本上冲破了长期“左”倾错误的严重束缚，端正了党的指导思想，重新确立了党的马克思主义的正确路线。在拨乱反正以后，作出把党的工作重心转移到社会主义现代化建设上来的决定，从此中国开始对计划经济体制进行改革。春风化雨，锐意改革，在“发展高科技，实行产业化”的伟大号召下，确立了中国经济、科技发展的指导思想，明确了科技目标和任务。最终，科学春天播下的种子花开满枝、硕果累累，科技发展给伟大祖国带来了欣欣向荣、天翻地覆的辉煌变化。

上海宝钢钢铁总厂一期工程投产后，设备运转正常，主要经济技术指标全部达到设计水平。图为工人正在浇铸钢锭。（新华社记者张平　摄）

一、科学春天的到来

这场中国历史上从未有过的大改革、大开放极大地调动了亿万人民的积极性，使我国成功实现了从高度集中的计划经济体制到充满活力的社会主义市场经济体制、从封闭半封闭到全方位开放的伟大历史转折。事实证明：改革开放是决定当代中国命运的关键抉择，是发展有中国特色社会主义、实现中华民族伟大复兴的必由之路；改革开放是发展中国特色社会主义的强大动力，只有社会主义才能救中国，只有改革开放才能发展中国，发展社会主义，发展马克思主义。

1978 年的初春下了一场瑞雪之后，天气就一天天地转暖。一场声势浩大的思想解放运动正在中国大地上酝酿激荡着，并势不可挡地生发开来。在全国科学大会的会场

1978 年 3 月 18 日，中共中央在北京隆重召开全国科学大会，近 6000 名科技工作者济济一堂，揭批"四人帮"、交流经验、检阅成绩、讨论规划，这在新中国成立以来是第一次。

上，人们看到了许多老朋友的熟悉身影：王大珩、马大猷、王淦昌、叶笃正、贝时璋、朱光亚、任新民、严东生、严济慈、苏步青、杨石先、杨钟健、吴仲华、吴吉昌、吴征镒、沈鸿、张维、张文佑、张文裕、张光斗、张钰哲、陆孝彭、陈景润、茅以升、林巧稚、金善宝、姜圣阶、钱三强、钱学森、高士其、唐敖庆、黄昆、黄秉维、黄汲清、黄家驷、梁守槃、彭士禄、童第周……人们开始打破禁区，去思考一些过去不敢想的深层问题，积极寻求新的答案。邓小平在全国科学大会上的讲话，无疑是一篇气势磅礴的解放知识分子的宣言，是一面呼唤新时代曙光的旗帜。科学技术，这一关系到中华民族命运和生存的严肃命题，从来没有得到过如此完整、系统的阐述，从来没有如此庄严地列入党和国家的重要议程。在对科学的春天热情澎湃的呼唤中，科学家个个热泪盈眶，春雷般的掌声久久地回响在人民大会堂的上空。广大科技工作者从心底感到，自己终于站到用才学报效祖国的新起点了。

邓小平南方谈话

1992 年年初，邓小平先后到武昌、深圳、珠海、上海等地视察，并发表了一系列重要讲话，通称“南方谈话”。他在讲话中指出：不坚持社会主义，不改革开放，不发展经济，不改善人民生活，就没有出路。革命是解放生产力，改革也是解放生产力。改革开放的胆子要大一些，敢于试验，看准了的，就大胆地试，大胆地闯。对的就坚持，不对的就赶快改，新问题出来加紧解决。要提倡科学，靠科学才有希望。要坚持两手抓，一手抓改革开放，一手抓打击各种犯罪活动，这两手都要硬。讲话解开了人们思想中普遍存在的疑虑，肯定了响遍全国的“时间就是金钱，效率就是生命”的口号。重申了深化改革、加速发展的必要性和重要性，并从中国实际出发，站在时代的高度，深刻地总结了十多年改革开放的经验教训，在一系列重大的理论和实践问题上，提出了新思路，有了新突破，将建设有中国特色社会主义理论大大地向前推进了一步。

建立经济特区

1980 年 8 月 26 日，全国人大常委会正式通过并颁布《广东省经济特区条例》，中国经济特区诞生了。深圳经济特区是邓小平同志亲自开辟的最早的改革开放试验地之一。当年，邓小平在一个边陲小镇画的“圈”——深圳经济特区，如今已变成一座高度现代化的城市。

经济特区在对外经济活动中采取较国内其他地区更加开放和灵活的特殊政策，是中国政府允许外国企业或个人以及华侨、港澳同胞进行投资活动并实行特殊政策的地区。在经济特区内，对国外投资者在企业设备、原材料、元器件的进口和产品出口、公司所得税税率、外汇结算和利润的汇出、土地使用、外商及其家属随员的居留和出入境手续等方面提供优惠条件。也就是说，经济特区是我国采取特殊政策和灵活措施吸引外部资金，特别是外国资金进行开发建设的特殊经济区域，是我国改革开放和现代化建设的窗口、排头兵和试验场。

∧ 深圳特区的城市面貌。（新华社记者毛思倩 摄）

经济特区表现出了强大的生命力：第一，经济持续高速增长，发展水平跃居全国前列；第二，改革不断取得新突破，社会主义市场经济体制基本建立；第三，对外开放成就显著，全方位开放格局已经形成；第四，科技创新能力明显增强，高新技术产业蓬勃发展；第五，人民生活水平大幅提升，三大文明共同进步；第六，城市建设和管理日趋现代化，城市面貌焕然一新。

乡镇企业兴起

乡镇企业指以农村集体经济组织或者农民投资为主，在乡镇（包括所辖村）举办的承担支援农业义务的各类企业，是中国乡镇地区多形式、多层次、多门类、多渠道的合作企业和个体企业的统称，包括乡镇办企业、村办企业、农民联营的合作企业、其他形式的合作企业和个体企业 5 级。乡镇企业行业门类很多，包括农业、工业、交通运输业、建筑业以及商业、饮食、服务、修理等企业。20 世纪 80 年代以来，中国乡镇企业获得迅速发展，对充分利用乡村地区的自然及社会经济资源、向生产的深度和广度进军，对促进乡村经济繁荣和人们物质文化生活水平的提高，改变单一的产业结构，吸收数量众多的乡村剩余劳动力以及改善工业布局、逐步缩小城乡差别和工农差别，建立新型的城乡关系均具有重要意义。发展乡镇企业已成为中国农民脱贫致富的必由之路，也是国民经济的一个重要支柱。

1
2

1. 珠海洪湾燃机发电厂是首家进入珠海洪湾开发区的企业，电厂的建成为珠海的经济发展做出了积极的贡献，同时也为珠海经济的进一步发展提供了必不可少的电力保障。
2. 华西村成立了江苏华西实业总公司，当时有大小 38 个工厂，其中 5 个是中外合资企业。农民生活日益改善。图为华西精毛纺厂的一个车间。

二、全面安排　突出重点
——《八年科技规划纲要》的实施

1977 年 8 月，在科学和教育工作座谈会上，邓小平同志指出，我们国家要赶上世界先进水平，要从科学和教育着手。科学和教育目前的状况不行，需要有一个机构，统一规划，统一协调，统一安排，统一指导协作。随后，各地方、各部门开始启动规划研究编制工作。1977 年 12 月，在北京召开全国科学技术规划会议，动员了 1000 多名专家、学者参加规划的研究制定。1978 年 3 月，全国科学大会在北京隆重举行，大会审议通过了《1978—1985 年全国科学技术发展规划纲要（草案）》。同年 10 月，中共中央正式转发《1978—1985 年全国科学技术发展规划纲要》（简称《八年科技规划纲要》）。

（一）出台的科学计划和相关工作

国家科技攻关计划

国家科技攻关计划（简称攻关计划）是国家指令性计划。它的出台，标志着我国综合性的科技计划从无到有，成为我国科技计划体系发展的里程碑。该计划自 1983 年开始实施，在科技促进农业发展、传统工业的技术更新、重大装备的研制、新兴领域的开拓以及生态环境和医疗卫生水平的提高等方面都取得了重大进展，解决了一批涉及国民经济和社会发展中难度较大的技术问题，对我国主要产业的技术发展和结构调整起到了重要的先导作用；同时造就了大批科技人才，增强了科研能力和技术基础，使我国科技工作的整体水平有了较大提高。

重大技术装备研制计划

重大技术装备研制计划是 1983 年推出的，是国家指令性科技计划。该计划主要支持对国民经济建设有重大影响的重大技术装备研制。为了保证经济发展的战略重点，确定对以下十套重大建设项目的成套技术装备，组织各有关方面的力量，引进国外先进技术进行研究、设计和制造，主要包括：①年产千万吨级的大型露天矿成套设备；②大型火力发电成套设备；③三峡水电枢纽工程成套设备；④单机容量百万千瓦级的大型核电站成套设备；⑤超高压交流和直流输变电成套设备；⑥宝山钢铁总厂第二期工程成套设备；⑦年产 30 万吨乙烯成套设备；⑧大型复合肥料成套设备；⑨大型煤化工成套设备；⑩制造大规模集成电路的成套设备。

国家技术开发计划

国家技术开发计划是国家科技计划的主体之一，其目的是运用计划、财政、信贷等行政、经济手段，调动大中型企业进行科技开发的积极性，增强企业技术开发能力，开发技术水平高、经济效益显著、适销对路的新产品、新技术，促进产品结构和产业结构的调整。

国家重点实验室建设计划

国家重点实验室建设计划于 1984 年开始执行。国家重点实验室作为国家科技创新体系的重要组成部分，是国家组织高水平基础研究和应用基础研究、聚集和培养优秀科学家、开展高层次学术交流的重要基地。国家重点实验室围绕国家发展战略目标，面向国际竞争，为增强科技储备和原始创新能力，开展基础研究、应用基础研究。或在科学前沿的探索中具有创新思想；或满足国民经济、社会发展及国家安全需求，在重大关键技术创新和系统集成方面成果突出；或积累基本科学数据、资料和信息，并提供共享服务，为国家宏观决策提供科学依据。

国家重点工业性试验计划

国家重点工业性试验计划于 1984 年开始执行，该计划的主要任务是：促使科技成果尽快转化为生产力，将中间试验成果放大到一定规模进行试验，验证该项技术和设备的可行性和经济合理性。该计划是国家和地方两级科技计划，所需资金主要由国家、地方或部门配套和项目承担单位自筹等几部分组成。

国家重点新技术推广计划

国家重点新技术推广计划是一项国家指导性科技计划，主要面对企业。其目的主要是使科技成果尽快转化为生产力，为经济建设服务。其中包括新技术、新工艺、新材料、新设计、新设备及农业新品种等。用新技术改造传统产业，提高生产技术水平和经济效益。

国家重大科学工程

1983 年，我国政府从发展高科技、在世界高科技领域占有一席之地的战略目标出发，实施国家重大科学项目计划。重大科学工程指科学研究过程中所需要的大型现代化关键仪器装备。由于其建造水平高、难度大、投资多，因此国家重大科学工程是一个国家科技实力的重要标志。

1
2

1. 1989 年 11 月，兰州重离子加速器（HIRFL）通过了国家鉴定委员会的竣工验收。HIRFL 具有加速全离子的能力，可提供多种类、宽能量范围、高品质的稳定核束和放射性束，用以开展重离子物理及交叉学科研究。图为 HIRFL 的主加速器。
2. 国家重点工程——宁夏化工厂。

（二）科学技术研究的主要任务实施情况

《八年科技规划纲要》是我国发展科学技术的第三个长远规划。该规划对自然、农业、工业、国防、环保等 27 个领域和基础学科、技术科学的研究任务进行了安排。其中，又把农业、能源、材料、电子计算机、激光、空间技术、高能物理、遗传工程 8 个影响全局的综合性科学技术领域作为重中之重，且在实施过程中作了较大调整，并制定了相关政策。从当时的国力情况看，规划任务、目标明显表现出要求过高、规模过大的倾向。随着工业重心的转移，科技界进一步明确了科技要面向经济建设的战略方针。

1985 年 3 月 13 日，中共中央颁发了《关于科技体制改革的决定》，指出：科学技术体制改革的根本目的，是使科学技术成果迅速地、广泛地应用于生产，使科学技术人员的作用得到充分发挥，大大解放科学技术生产力，促进经济和社会的发展。

《关于科技体制改革的决定》颁布后的几年里，一些配套改革措施逐步实施推广，科技体制改革工作在全国上下普遍开展起来。

农业科学技术任务的推进

按照“以粮为纲、全面发展”的方针，进行农、林、牧、副、渔资源综合考察，为合理区划和开发利用提供科学依据。全面贯彻农业“八字宪法”，保证农业的高产稳产。发展与机械化相适应的耕作制度和栽培技术。解决南水北调工程及有关的科学技术问

< 科研人员积极开展科学实验。

题。在改良低产土壤和治理水土流失、风沙干旱方面取得重大进展。全面提高良种的高产、优质和抗逆性能。发展复合肥料，实行科学施肥。研究生物和化学模拟固氮。尽快解决作物病虫害综合防治技术。加强林、牧、渔各业的科学研究，研制农、林、牧、渔业的各种高质量高效率的机械和机具；建立农业现代化综合科学实验基地；加强农业科学基础理论的研究。

（1）区域治理和综合发展大显成效

“六五”以来，国家在黄淮海平原、三江平原、黄土高原、北方干旱地区及南方红黄土壤地区等主要生态区域建立了一批生态农业综合试验区，取得了大量实验成果，这些成果的应用也产生了显著的社会效益和经济效益。

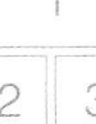

1. 黄淮海平原是华北米粮仓。
2. 开垦三江平原。
3. 小麦和黑小麦进行有性杂交技术过程中的套袋。这些新培育的优良品种，可以比原来的品种增产20%～40%，大大提高了单位产量。

用恢复系做父本和不育系杂交生产种子的过程，叫作杂交水稻制种。1973年杂交水稻三系配套并投入大田生产。

（2）农作物良种选育硕果累累

在农畜育种方面，育成小麦新品种30多个，区域实验面积达4000万亩，占全国小麦播种的10%，一般增产5%～10%；育成水稻新品种达40个，推广5000万亩，平均每亩增产50千克左右；育成蔬菜品种46个，并进行了大面积推广；马铃薯茎尖脱毒技术趋于完善，找到了防治马铃薯因病毒侵入导致退化减产的技术，平均亩产提高50%～100%，基本解决了全国种薯繁育体系的技术问题；黄羽肉鸡筛选出优质型杂交组合4个，快速生长型杂交组合5个，一般比地方品种增重50%，饲料消耗降低1/3。

当时中国的作物种质资源保存在世界上仅次于美国和苏联。这种优势为我国作物良种选育提供了丰富的后备资源，促进了农作物品种选育技术不断取得新突破，新品种选育硕果累累。

（3）鲁棉1号获得大面积高产、稳产

鲁棉1号是山东省棉花研究所选育的一个新品种，实现了棉花高产、稳产。棉铃虫是棉花大面积生产的主要虫害，和棉花枯、黄萎病一样，是导致棉花减产的主要因素。鲁棉1号将转Bt基因棉的选育与棉花杂种优势利用有机地结合起来，同步提高棉花产量和抗虫性，使育成的新品种在生产实践中能够实现高产、稳产。1978年，农业部种子局在长江流域和黄河流域两大棉区安排了14处试点，多数试点反映良好。

1. 鲁棉 1 号获得大面积丰收。
2. 山东莱州市玉米研究所的高级农艺师李登海（中）在观察良种玉米生长情况。该项目曾荣获国家星火奖一等奖。他示范推广了 25 个紧凑型玉米新品种，累计推广面积达 5.2 亿亩，增产粮食 450 亿千克。

（4）李登海的杂交玉米显现广阔前景

在当今世界玉米栽培史上，有两个非常重要的人：一个是美国先锋种子公司的创始人、世界春玉米高产纪录的保持者华莱氏；另一个是李登海——世界夏玉米高产纪录的创造者。在我国育种领域，也有“南袁北李”之说。“南袁”是指杂交水稻之父袁隆平，“北李”就是指李登海，他是紧凑型玉米研究的创始者，被称为“杂交玉米之父”。

李登海提出的株型与杂种优势互补的论点、杂种优势与群体光能有机结合的论点，在育种理论上都是新的突破。他用自己选育的“478”自交系组配的杂交种，表现出高光效、株型茎叶夹角小、叶片挺直上冲的紧凑型玉米理想特征，其叶向值、消光系数、群体光合势、光合生产率等生理化指标更趋合理，实现了种植密度、叶面积指数、经济系数和较高密度下单株粒重“四个突破”，玉米种植密度每亩平均增加 1000 ~ 1500 株。

（5）辽宁发现侏罗纪被子植物——古果

1990 年，中国科学院南京地质古生物研究所研究员孙革等科技工作者在黑龙江省鸡西地区首次发现了白垩纪重要早期被子植物化石和原位花粉。1996 年，被确定为辽宁古果，从而使东北地区早期被子植物研究取得重要进展。1998 年 11 月 27 日，《科学》杂志以封面文章发表了孙革等撰写的《追索最早的花——中国东北侏罗纪被子植物：古果》的论文，从而使辽宁古果终于得以在世界的注视下显露它的“庐山真面目”。辽宁古果为古果科，包括辽宁古果和中华古果，它们的生存年代为距今 1.45 亿万年的中生代，比以往发现的被子植物早 1500 万年，被国际古生物学界认为是迄今最早的被子植物，就此，为全世界的有花植物起源于我国辽宁西部提供了有力的证据。从辽宁古果化石表面上看，化石保存完好，形态特征清晰可见。

1. 辽宁发现的侏罗纪被子植物——古果化石。

2. 图为化石发现者孙革和年轻的助手正在研究观察辽宁古果化石。

1 2

1. 胜利油田复杂的地质条件，使油层多为裂缝性的石油和天然气储层，为提高出油的概率，需要打定向斜井。
2. 综合机械化采煤工艺。

能源科学技术的实施

采用各种勘探开发新技术，探明更多的油气储量，提高钻井、采油采气水平，发展石油地质理论。重点煤矿实现综合机械化，开展煤的气化、液化研究，发展大型高效电站和高压输电网，建设原子能电站，抓紧研究太阳能、地热能和沼气等的利用，积极探索新能源，研究能源的合理利用和节能技术。

（1）石油勘探开发

1981 年石油全行业实施 1 亿吨原油产量包干以及开放搞活，对石油工业进入新的稳定发展阶段起到了决定作用。这一时期，全国油田开发调整取得明显效果，取得多项成果：大庆油田开发技术提高，原油产量大幅提高；胜利油田的勘探和开发，打开了我国东部地区石油开发的新局面；在柴达木西部地区打出了新的高产油气井，实现了我国古生代海相油气的重大突破，成为我国油气勘探史上划时代的里程碑，并拉开了塔里木油气勘探的序幕；辽河油田、大港油田、河南油田等油田的开采产量也实现突破。

（2）重点煤矿实现综合机械化

综合机械化采煤工艺，是指回采工作面中采煤的全部生产工艺，如破煤、装煤、运煤、支护和顶板管理等采煤过程都实现了机械化。此外，顺槽运输也相应实现了机械化，充分发挥了综采设备的效能。随着综采装备的不断进步，综采工作面单产和效率也日益提高。

∧ 大亚湾核电站的建成标志着我国和平利用核能达到世界先进水平。整个电站有三大部分：核岛、常规岛及电站辅助厂房，主要设备从法国、英国引进。电站主体工程于1987年8月开工兴建。图为电站外景。（新华社记者彭勇　摄）

（3）大亚湾核电站的建成

大亚湾核电站坐落在深圳市的东部，离香港直线距离45千米。作为中国第一座大型商用核电站，1994年投入商业运行，是中国最大的中外合资企业，也是中国内地建成的第二座核电站，是大陆首座使用国外技术和资金建设的核电站。此后，在大亚湾核电站旁又建设了岭澳核电站，两者共同组成一个大型核电基地。

材料科学技术

按照工业“以钢为纲”的方针，发展矿山强化开采技术，攻下红矿选矿科学技术关和富铁矿成矿规律与找矿方法，解决多金属共生矿资源的综合利用问题，掌握一系列现代化冶金新技术；研制国防工业和新兴技术所需的各种特殊材料和复合材料。高速度发展水泥和轻质、高强、多功能新型建筑材料；研究以油、气、煤为基础的有机原料合成技术，发展合成材料新工艺，加强催化理论研究；开展材料科学的基础研究，发展新的实验测试技术，逐步达到按指定性能设计新材料。

电子计算机科学技术

开展计算机科学和有关学科的基础研究。加强外部设备、软件和应用数学研究。解决大规模集成电路的工业生产的科学技术问题，突破超大规模集成电路的技术关，研制成功每秒千万次大型计算机和亿次巨型计算机。形成计算机系列的生产能力，大力推广应用计算机和微型机。建立全国公用数据传输网络和若干计算机网络、数据库。

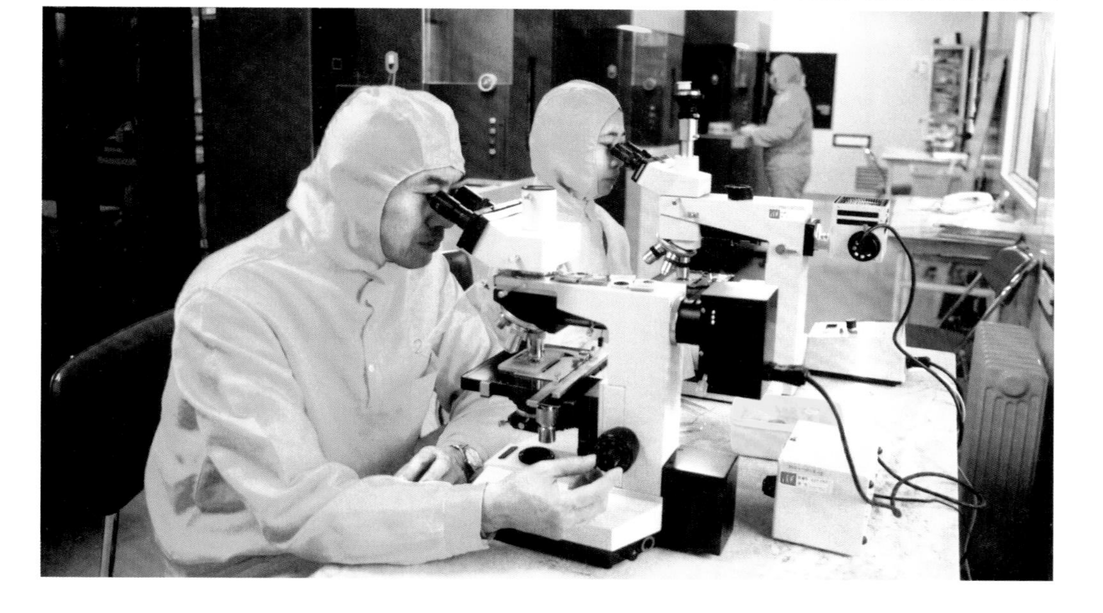

1
2
3

1. 钢锭出炉。
2. 安徽光学精密研究所研制出的品质优良的高纯纳米氮化硅粉末，在机械、能源、化工、冶金、电子和国防等领域具有广阔的应用前景。
3. 清华微电子学研究所承担的国家“七五”重点攻关项目“1~1.5微米CMOS成套工艺的研究开发”取得了突破，研制出国内急需的专用大规模集成电路1兆位汉字ROM。

^ 航空航天工业部北京东方科学仪器厂自行研制的大型 He-Ne 激光全息照相系统通过鉴定。该系统被应用于我国研制的各种新型卫星的无损检测。

激光科学技术

迅速提高常用激光器的水平。开展激光基础研究，在探索新型激光器、开拓激光新波段、利用激光研究物质结构等方面做出显著成绩。早在 20 世纪 60 年代，我国建立了世界上第一所激光技术的专业研究所。1980 年、1983 年、1986 年，我国先后举办了 3 次国际激光会议，为我国学者与国际激光研究领域的学术交流创造了条件。经过几十年的努力，中国的激光技术有了较强的科研力量和雄厚的技术基础，锻炼培养了一支素质较高的科研队伍，有一大批科技人才活跃在海内外激光研究领域的前沿阵地，并取得了丰硕的成果。

空间科学技术

开展空间科学、遥感技术和卫星应用的研究。发展系列运载火箭，研制发射天文、通信、气象、导航、广播、资源考察等多种科学卫星和应用卫星。积极进行发射空间实验室和宇宙探测器的研究，建成现代化空间研究中心和卫星应用体系。1975 年 11 月 26 日，中国首次发射返回式遥感卫星，卫星直径 2.2 米，高 3.14 米。这种卫星和地球资源卫星的性质是一致的，只是它工作寿命短，照相机等遥感仪器能获得大量对地观测照片，具有分辨率高、畸变小、比例尺适中等优点。可广泛应用于科学研究和工农业生产领域，包括国土普查、石油勘探、铁路选线、海洋海岸测绘、地图测绘、目标点定位、地质调查、电站选址、地震预报、草原及林区普查、历史文物考古等。

∧ 1968 年 4 月 1 日中国航天医学工程研究所组建以来，在载人航天医学工程研究中取得了突出的成绩。其中“航天生命保证系统医学工程研究与应用”获得 1985 年国家科学技术进步奖一等奖。图为宇航试验员在人用转椅舱做前庭生理试验。

1
2

1. 1984年4月8日我国发射了第一颗实验通信卫星，4月16日卫星成功地定点于东经125°赤道上空。卫星在试验阶段即投入了应用，取得了良好效果。
2. 风云一号极地轨道卫星。

高能物理

高能物理学又称粒子物理学或基本粒子物理学，它是物理学的一个分支学科，研究比原子核更深层次的微观世界中物质的结构性质和在很高的能量下这些物质相互转化的现象，以及产生这些现象的原因和规律。它是一门基础学科，是当代物理学发展的前沿之一。粒子物理学是以实验为基础，而又基于实验和理论密切结合发展的。

目前，粒子物理已经深入到比强子更深一层次的物质性质的研究。更高能量加速器的建造，无疑将为粒子物理实验研究提供更有力的手段，有利于产生更多的新粒子，以弄清夸克的种类和轻子的种类、它们的性质以及它们可能的内部结构。

（1）中国第一台质子直线加速器建成

1982 年 12 月 17 日，建在中国科学院高能物理研究所的中国第一台质子直线加速器首次引出能量为 1000 万电子伏特的质子束流。质子直线加速器是以直线方式加速质子的装置，由高频电源、离子源、加速电极、靶室、真空系统等部分组成。称为漂移管的加速电极以直线方式排列，被交替加上高频电压，用来加速质子。质子在漂移管缝隙中被加速，进入漂移管后，保护质子不受减速电场的影响。质子直线加速器在工业、医学等领域中有广泛用途。

1989 年 4 月 26 日，中国第一台专用同步辐射装置正式建成并调试出光。这部装置的主体设备是一台能量为 8 亿电子伏特的电子储存环和一台能量为 2 亿电子伏特的直线加速器，在同步辐射区内可建 24 ~ 27 条光束线。图为同步辐射装置中的电子直线加速器。

（2）北京正负电子对撞机

1984 年，国家重点工程北京正负电子对撞机（BEPC）工程破土动工。1988 年 10 月 16 日，北京正负电子对撞机成功对撞，是我国继原子弹、氢弹爆炸，人造卫星上天之后，在高科技领域取得的又一重大突破。这是我国第一台高能加速器，是高能物理研究的重大科技基础设施。由长 202 米的直线加速器、输运线、周长 240 米的圆形加速

1. 中国第一座高能加速器——北京正负电子对撞机对撞成功。
2. 1992 年，在北京正负电子对撞机上测得 τ 粒子质量新数据。1993 年，首创亚洲第一束红外自由电子激光。

器（也称储存环）及高 6 米、重 500 吨的北京谱仪和围绕储存环的同步辐射实验装置等部分组成，外形像一支硕大的羽毛球拍。正、负电子在其中的高真空管道内被加速到接近光速，并在指定的地点发生对撞，通过大型探测器——北京谱仪记录对撞产生的粒子特征。科学家通过对这些数据的处理和分析，进一步认识粒子的性质，从而揭示微观世界的奥秘。

遗传工程

随着遗传学研究由细胞水平向分子水平的深入，遗传学已成为当今生命科学前沿的核心学科。《八年规划纲要》要求建立和加强有关的实验室，开展遗传工程的基础研究，同分子生物学、分子遗传学和细胞生物学的研究相结合，在生物科学的一些重要方面取得接近或达到世界先进水平的成果；积极探索遗传工程在发酵工业、农业、医学等方面应用的可能途径。

（1）人工合成核糖核酸研究获得重大突破

人工合成核糖核酸研究工作是 1968 年开始的。它是继我国在世界上首次人工合成结晶牛胰岛素以后提出的又一项重大的基础理论课题。我国科研工作者通力协作，经过几年的艰苦努力，首先完成了原料核苷酸的制备和小片段核苷酸有机合成的工作，并在这个基础上，充分利用酶的催化作用，经过反复实验，在 1979 年 7 月底，相继完成了 10 个核苷酸、12 个核苷酸、19 个核苷酸 3 个片段的合成。紧接着，科学工作者又通过大量的实验，成功地把这 3 个片段连接起来，终于成功地合成了由 41 个核苷酸组成的核糖核酸半分子。它与天然的核糖核酸一样具有稀有的核苷酸。经测定，3 个片段的接头正确。这项研究工作是由中国科学院上海生物化学研究所、有机化学研究所、细胞生物学研究所、生物物理研究所和北京大学生物系等单位及有关工厂协作完成的。

∧ 1974 年 9 月，我国科研工作者采取有机化学和酶促合成的方法，把核苷酸连接成 8 个核苷酸小片段，使我国在核苷酸片段合成方面接近了当时的世界先进水平；3 年之后，又合成了 16 个核苷酸。

< 旭日干（1940—2015），家畜繁殖生物学与生物技术专家，中国工程院原副院长。图为旭日干正在进行显微操作，对动物胚胎进行观察。

（2）旭日干主持繁育出试管羊、试管牛

20 世纪 70 年代以来，旭日干长期从事以家畜生殖生物学为中心的现代畜牧业高技术的研究。1983 年 10 月，在日本进修期间，旭日干在实验室经过 400 多次潜心实验后，终于在显微镜下清晰地观察到了山羊体外受精的全过程。1984 年 3 月 9 日傍晚，旭日干亲手迎接了世界上第一只试管山羊。回国后，旭日干在内蒙古自治区的支持下建立了自己的实验室，从此开展了以牛羊体外受精为主的家畜生物学及生物技术的研究工作。这是一条中国人没有走过的路，但是旭日干以其坚韧不拔的毅力与他的团队一起，在世人面前创造了一项又一项的奇迹。1989 年，旭日干和他的团队培育出我国首胎、首批试管绵羊和试管牛，一举使我国在该领域的研究跨入世界先进行列。

（三）工业科学技术领域取得的成果

在工业方面，掌握了石油数字地震勘探技术，半潜式海上石油钻井平台建造技术和缓倾斜中厚矿藏开采集术；突破了贫红铁矿选矿技术、高钛型磁铁矿高炉冶炼技术、钒钛综合利用回收技术、稀土元素提取技术和铜、镍等共生矿的开采、选矿、冶炼、综合回收技术；年产 1.5 万吨涤纶短纤维纺丝和后处理成套设备研制成功并投入使用；成功建设了葛洲坝大型水利水电工程。

上海宝山钢铁总厂开工兴建

1978 年 12 月 23 日，上海宝山钢铁总厂（以下简称宝钢）破土动工。这座钢铁精品基地和钢铁行业新工艺、新技术、新材料的研发基地，以钢铁为主业，是中国现代化程度最高、生产规模最大、品种规格最齐全的大型钢铁联合企业。集中了工程建设、设备制造、安装、调试等各方面的人才。随着宝钢一期、二期工程相继投产，宝钢建设从初期的设备全套引进，到二期、三期工程的合作制造，最终自主集成；宝钢工程的设备制造、安装、调试等也从外国专家指导，逐步由国内制造、国内自主集成。为了确保宝钢工程的高质量、国内设备的高品质，宝钢积极推行建设监理的成功经验，运用国际通行的项目管理方法，对宝钢工程和设备制造、安装、调试等进行全过程控制。

宝钢立足钢铁主业，走多元发展的道路，在贸易、金融、信息、运输、建筑等多个产业，也取得很大发展。图为宝钢从美国、日本以及欧洲国家引进的化工设备。

攀枝花钢铁基地建成

1978 年 11 月 27 日，中国第一个自己设计、制造设备、安装施工的大型钢铁联合企业——攀枝花钢铁工业基地第一期工程建成投产。位于四川省西南部的攀枝花钢铁基地是 1965 年动工兴建的，到 1970 年高炉出铁，再到 1975 年一期工程基本建成投产，逐步形成了年产生铁 160 万 ~ 170 万吨、钢 150 万吨、初轧坯 125 万吨、钢材 90 万 ~ 110 万吨的综合生产能力。到 1980 年，主要产品产量均达到和超过了当初的设计水平。到 1985 年，累计实现利税相当于国家对一期工程的总投资。

∧ 攀枝花钢铁基地位于川滇交界金沙江畔的攀枝花市，享有“金沙明珠”的美誉。北距成都 749 千米，南邻昆明 351 千米。著名的成昆铁路纵贯市区南北。

我国石油钻采设备制造业，随着海洋石油工业的发展已经有了长足的进步。图为南海一号钻井平台在北部湾试油。

海上石油钻井平台建造

1984 年 6 月 25 日—7 月 6 日，中国自行设计建造的第一座半潜式海上石油钻井平台勘探三号，成功地在东海海面进行了试验并交付使用。这个钻井平台最大钻井深度可达 6000 米，适应中国大陆架开发海洋石油的需要。当时，能够自行设计建造这种平台的只有美国、日本、英国、挪威等造船工业发达的国家。半潜式平台主要由上部结构、下潜体、立柱及斜撑组成，下潜体有靴式、矩形驳船船体式、条形浮筒式。其外形与坐底式平台相似，上部结构装设全部钻井机械、平台操作设备以及物资储备和生活设施。它是一个由顶板、底板、侧壁和若干纵横仓壁组成的空间箱形结构，水密性较高，能提供较大的浮力，作业时下潜体灌入压舱水使其潜入水下一定深度，靠锚缆或动力定位。拖航时排出压舱水，使下潜体浮在水面。在浅水区作业时可使下潜体坐落在海底，类似坐底式平台。它既可在 10 ~ 600 米深的海域工作，又能较好地适应恶劣的海况，有良好的运动特性。

葛洲坝实现并网发电

1988 年 12 月，葛洲坝水利枢纽工程建成。葛洲坝位于湖北省宜昌市三峡出口南津关下游约 2300 米处。长江出三峡峡谷后，水流由东急转向南，江面由 390 米突然扩宽到坝址处的 2200 米。由于泥沙沉积，在河面上形成葛洲坝、西坝两岛，把长江分为大江、二江和三江。大江为长江的主河道，二江和三江在枯水季节断流。葛洲坝水利枢纽工程横跨大江、葛洲坝、二江、西坝和三江，是我国在万里长江上建设的第一个大坝，是长江三峡水利枢纽的重要组成部分。葛洲坝水库回水 110 ~ 180 千米，由于提高了水位，淹没了三峡中的 21 处急流滩点、9 处险滩，因而取消了单行航道和绞滩站各 9 处，大大改善了航道，使巴东以下水域各种船只通行无阻，增加了长江客货运量。葛洲坝水利枢纽工程具有发电、改善峡江航道等效益。它的电站发电量巨大，年发电量达 157 亿千瓦·时，相当于每年节约原煤 1020 万吨，对改变华中地区能源结构，减轻煤炭、石油供应压力，提高华中、华东电网安全运行保证度都起了重要作用。这一在世界上也是屈指可数的巨大水利枢纽工程的设计水平和施工技术，都体现了我国当时水电建设的成就，是我国水电建设史上的里程碑。

∧ 葛洲坝是万里长江上第一座大型水利工程，也是以后建设的三峡水利枢纽工程的梯级建筑，使长江十年一遇的防洪标准提高到百年一遇。

∧ 王选（1937—2006），中国科学院院士，中国工程院院士。他坚持以市场为导向，积极推动科技成果转化为生产力，他研制开发的汉字激光照排系统，是我国计算机技术应用最为全面和成功的范例之一。

（四）新兴技术和基础理论研究领域取得的成果

在新兴技术和基础理论研究方面，成功研制了亿次大型计算机；解决了中同轴电缆4380路载波通信的有关技术；攻克了卫星运载工具无线电测控系统、实验通信卫星及微波测控系统；长征3号火箭发射成功；运用生物工程技术创造了维生素C二步发酵法生产技术；解决了乙型肝炎病毒核心抗原和抗原制备技术；成功研制了新型非线性激光材料——磷酸氧化钾以及锗酸铋晶体；攻克了非金属人工晶体材料热锻工艺技术，人工合成了云母和核糖核酸等。这批科技成果，不仅对提高工农业生产起到积极作用，而且有些已经接近或达到世界先进水平。

王选主持研制成功汉字激光照排系统

王选被人们誉为“当代毕昇”。他研制的汉字激光照排系统引发了我国印刷业“告别铅与火，迈入光与电”的一场技术革命。他主持开发的华光和方正电子出版系统，曾占据国内99%的报业市场和90%的书刊（黑白）出版业市场以及海外80%的华文报业市场，并打入日本、韩国市场，取得了巨大的经济效益和社会效益。

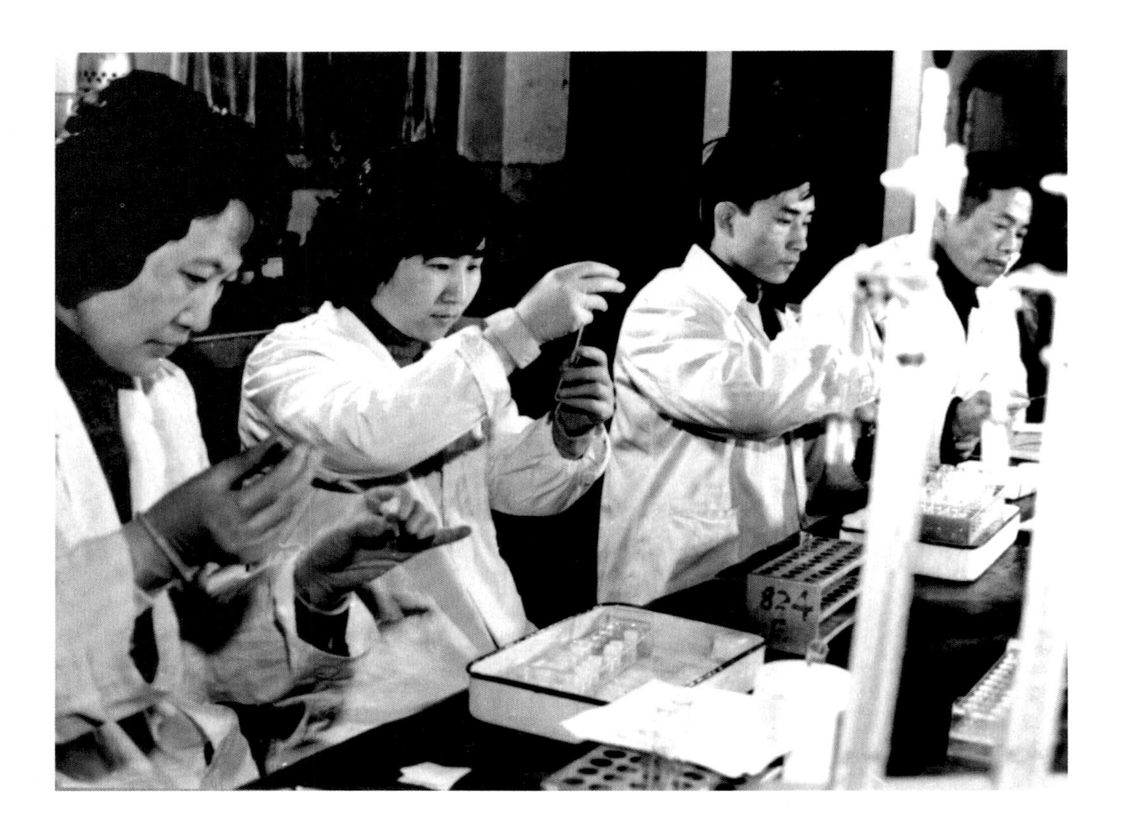

∧ 科研人员把装有人工合成分子、天然分子的试管以及其他对照试管放进测试匣，得出的数据表明，人工合成的酵母丙氨酸转移核糖核酸具有与天然分子完全相同的生物活力。

人工合成酵母丙氨酸转移核糖核酸

我国人工合成的酵母丙氨酸转移核糖核酸，是世界上最早用人工方法合成的具有与天然分子相同化学结构和完整生物活性的核糖核酸。从 1968 年起，我国科学工作者开始人工合成酵母丙氨酸转移核糖核酸的研究。经过千百次的探寻和摸索，分别接成含有 35 个和 41 个核苷酸的两个半分子。1981 年 11 月 20 日完成了最后的合成，以后又进行了 5 次重复合成试验，均获得了成功。这是继 1965 年我国人工合成结晶牛胰岛素后，我国在此领域内取得的又一项重大成果，标志着人类在探索生命科学的道路上又迈出了重要的一步。

建立南极长城站

南极被科学家称为“解开地球奥秘的钥匙”和“天然科学实验圣地”。由于孤处一方，南极没有大气污染，为观测天体提供了极好的条件；南极有成千上万的陨石，是窥探外层空间奥秘的难得基地；南极是地球大气环流的策源地之一，对全球气候变化有着重要影响；地球其他地区 600 万年前已灭绝的生物，在南极可能见到，这些发现可能会帮助我们解开地球生命起源之谜，而且还能为进一步解开世界海陆演化之谜提供科学依据。中国首支南

∧ 建立南极长城站。

极考察队于 1984 年 11 月 20 日从上海启程，12 月 26 日抵达南极洲南设得兰群岛的乔治岛。30 日 15 时，长城 1 号和长城 2 号两艘登陆艇载着 54 名考察队员，登上菲尔德斯半岛南部，在这里升起了第一面五星红旗。31 日 10 时，在南极洲乔治岛上，从祖国带来的刻着“中国南极长城站”的奠基石，竖立在南极洲的土地上。考察队在 1985 年 2 月 15 日向全世界宣布：中国南极长城站胜利建成，并于 2 月 20 日，在乔治岛隆重举行落成典礼。10 月，在布鲁塞尔召开的第 13 次《南极条约》协商国会议上，由于中国在南极建立了长年考察站，进行了多学科卓有成效的考察，正式取得协约国的地位。

寒武纪大爆发研究

寒武纪大爆发是古生物学和地质学上的一大悬案。寒武纪是地质史上的一个年代，因英国的一座小山而得名，时间大约是距今 5.45 亿年前至 4.95 亿年前。1984 年 7 月，南京地质古生物研究所侯先光研究员在云南澄江县帽天山发现了第一块早寒武世动物化石长尾纳罗虫。这次发现可以说是很偶然的事件，侯先光原本的意图是到澄江寻找金碧

∧ 灰姑娘虫的标本，澄江发现的化石之一。在它的头甲的腹面前侧具有一对巨眼。

虫的化石，没想到无心插柳，意外获得了这块长尾纳罗虫的化石。国外科学家认为，纳罗虫是最早出现的硬体生命之一，在亚洲大陆还是首次发现，而且还保存有附肢。这一发现意味着寒武纪大爆发的证据就在脚下。后来，这一天成了澄江动物化石群的纪念日。世界著名古生物学家、德国的塞拉赫教授称："澄江动物群的发现就像是来自天外的信息一样让人震惊。"美国《纽约时报》称："中国澄江动物群的发现，是本世纪最惊人的发现之一。"

银河巨型计算机的研制成功

1983 年 12 月 6 日，中国第一台每秒钟运算 1 亿次以上的银河巨型计算机由国防科技大学与 20 余个协作单位共同研制成功，并在长沙通过鉴定。当时在世界上只有少数几个国家能够研制这种巨型计算机。它的诞生，提前两年实现了全国科学大会提出的到 1985 年"我国超高速巨型计算机将投入使用"的目标，使我国跨进世界研制巨型计算机国家的行列，标志着我国计算机技术进入了一个新阶段。1992 年 11 月，银河 -II 巨型计算机研制成功，并顺利通过国家鉴定。1997 年 6 月，银河 -III 巨型计算机系统又通过国家技术鉴定，该机运算速度为每秒 130 亿次，综合处理能力是银河 -II 巨型计算机的 10 倍以上，但体积仅为其 1/6。银河 -III 巨型计算机系统的综合技术达到了当时的国际先进水平。

经过试算表明，在气象、石油、地震、核能、航天航空等领域的大规模数据，均能在银河－Ⅱ巨型计算机上进行高速处理。图为巨型计算机的研制者在调试主机。

“一箭三星”准确入轨

1981年9月20日，中国第一次用一枚火箭成功发射一组三颗卫星——科学实验卫星9号。“一箭三星”的发射成功，标志着中国航天事业的重大突破。此次“一箭三星”的三颗卫星是实践二号、实践二号甲和实践二号乙。这种“一箭三星”技术当时在中国尚属首次，除具有科学意义外，更反映了军事工业和航天技术的水平，在世界上引起了轰动。三颗卫星准确入轨后，各系统工作正常，不断向地面发送各种科学探测和试验数据。

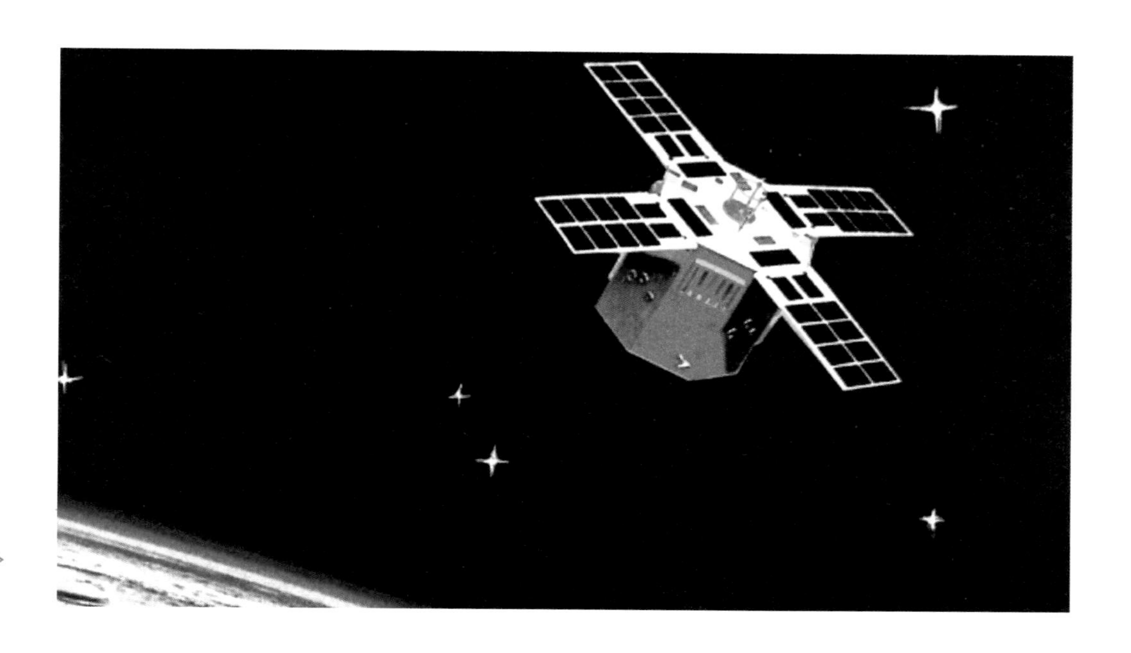

实践二号科学实验卫星。

三、坚持“面向、依靠”的战略方针
——《十五年科技规划》和《十年规划和“八五”计划纲要》的实施

1981 年 4 月，中共中央、国务院责成国家科学技术委员会起草科技发展规划，经 200 多名专家的充分论证，以及听取德国、日本、美国等国知名人士就科学技术国际发展趋势的论述和分析一些国家的经验教训后，于 1984 年 3—10 月，编制了《1986—2000 科学技术发展规划》(简称《十五年科技规划》)。

为了落实《十五年科技规划》的设想，国家计划委员会、国家科学技术委员会编制了《“七五”全国科学技术发展规划》，包括《“七五”国家科技攻关计划》。这些规划对调动科技力量为国民经济服务发挥了重要作用，它将科技转化为生产力，将科学技术紧密面向经济建设，力求和经济发展相结合，促进全社会科技意识的提高，给国家带来了巨大经济效益和社会效益，有力地证明了“科学技术是第一生产力”，为我国科技事业的继续发展打下了坚实的基础，增强了后盾。实践证明，“七五”期间围绕科技与经济相结合这一基本任务，通过继续推进技术成果转化、改革科技拨款制度等措施，我国的科技面貌发生了新的变化。

在全面分析我国经济、社会发展对科技进步的需求和国际经济科技发展态势的基础上，考虑到已拥有的科技实力、坚实的工作基础和所面临的问题和困难，并根据党的十三届七中全会的精神和我国《国民经济和社会发展十年规划和第八个五年计划纲要》所确定的目标，1991 年 3 月国家科学技术委员会在各有关部门的支持和配合下，开始着手组织制定《1991—2000 年中华人民共和国科学技术发展十年规划和“八五”计划纲要》(简称《十年规划和“八五”计划纲要》)，这也是我国第五次全面制定科学技术发展远景规划。《十年规划和“八五”计划纲要》继续坚持“面向、依靠”的战略方针，进一步明确了未来十年和五年的科技发展目标和任务。

（一）“七五”时期出台的国家科技计划和相关工作

星火计划

星火计划是经党中央、国务院批准，于 1986 年实施的第一个依靠科学技术促进农村经济发展的计划，是我国国民经济和科技发展计划的重要组成部分。星火计划的主要任务是认真贯彻党中央、国务院关于大力加强农业，促进乡镇企业健康发展的方针，引导农村产业结构调整、增加有效供给，推动科教兴农。积极促进并实际推动农村经济增长方式由粗放型向集约型转变，依靠科技进步提高劳动生产率和经济效益，引导农民改变传统的生产生活方式。建设一批以科技为先导的星火技术密集区和区域性支柱产业，推动乡镇企业重点行业的科技进步，推动中西部地区经济发展，培养农村适用技术和管理人才，提高农村劳动者整体素质。

国家自然科学基金

国家自然科学基金委员会立足于“切实加强基础研究，努力提高原始创新能力，为建设创新型国家服务”的实践载体，充分发挥科学基金制度优势，推动学科均衡协调发展，鼓励科学家在科学前沿和国家战略需求领域广泛开展探索，为国家科技重大专项和科技计划实施提供人才和项目储备，为提升国家自主创新能力提供有力支撑。

国家高科技研究发展计划（“863”计划）

“863”计划是在世界高技术蓬勃发展、国际竞争日趋激烈的关键时期，我国政府组织实施的一项对国家长远发展具有重要战略意义的国家高技术研究发展计划，在我国科技事业发展中占有极其重要的位置，肩负着发展高科技、实现产业化的重要历史使命。根据中共中央《高技术研究发展计划（“863”计划）纲要》精神，“863”计划从世界高技术发展的趋势和中国的需要与实际可能出发，坚持“有限目标，突出重点”的方针，选择了生物技术、航天技术、信息技术、激光技术、自动化技术、能源技术和新材料 7 个高技术领域作为我国高技术研究发展的重点（1996 年增加了海洋技术领域）。其总体目标是：集中少部分精干力量，在所选的高技术领域，瞄准世界前沿，缩小与发达国家的差距，带动相关领域科学技术进步，造就一批新一代高水平技术人才，为未来形成高技术产业准备条件，为 20 世纪末特别是 21 世纪初我国经济和社会向更高水平发展和国防安全创造条件。

科技扶贫工作

把大量先进适用的科学技术成果和手段引入贫困地区，促进和增强贫困地区自我发展能力，实现贫困地区经济、社会和环境的持续协调发展。

1
2

1. 1986年3月2日，王淦昌和杨嘉墀、王大珩、陈芳允（右起）等科学家联名向中央提出了《关于跟踪研究外国战略性高技术发展的建议》。从此，中国的高科技研究进入国家规模的有计划、有组织发展的新阶段。
2. 科技兴农。福建省三明市农业函授大学专门从事农技知识的教育和培训。三朗农校园艺系教师涂景春（左）是沙县凤岗镇西山村村民最欢迎的朋友。

火炬计划

火炬计划是一项发展中国高新技术产业的指导性计划，于 1988 年 8 月经中国政府批准，由科学技术部（原国家科委）组织实施。火炬计划的宗旨是：实施科教兴国战略，贯彻执行改革开放的总方针，发挥我国科技力量的优势和潜力，以市场为导向，促进高新技术成果商品化、高新技术商品产业化和高新技术产业国际化。

国家重点新产品计划

国家重点新产品计划是科技部 1988 年推出的一项政策性扶持计划，其宗旨在于引导、推动企业和科研机构的科技进步和提高技术创新能力，实现产业结构的优化和产品结构的调整，通过国内自主开发与引进国外先进技术的消化吸收等方式，加速经济竞争力强、市场份额大的高新技术产品的开发和产业化。

国家科技成果重点推广计划

国家科技成果重点推广计划是按照国家科技产业化环境建设的总体要求，采取国家政策引导和争取有关银行贷款支持的措施，重点加强推广体系和环境建设，支持能够提升传统产业和对发展高新技术产业有重大影响的共性技术以及经济效益、社会效益和生态效益显著的社会公益技术，通过国家、部门、地方共同组织，有计划、有重点地推广，以实现规模效益。

∧ 中国科学院等离子体物理研究所研制的 1MW 高脉冲发射高压脉冲电源装置。

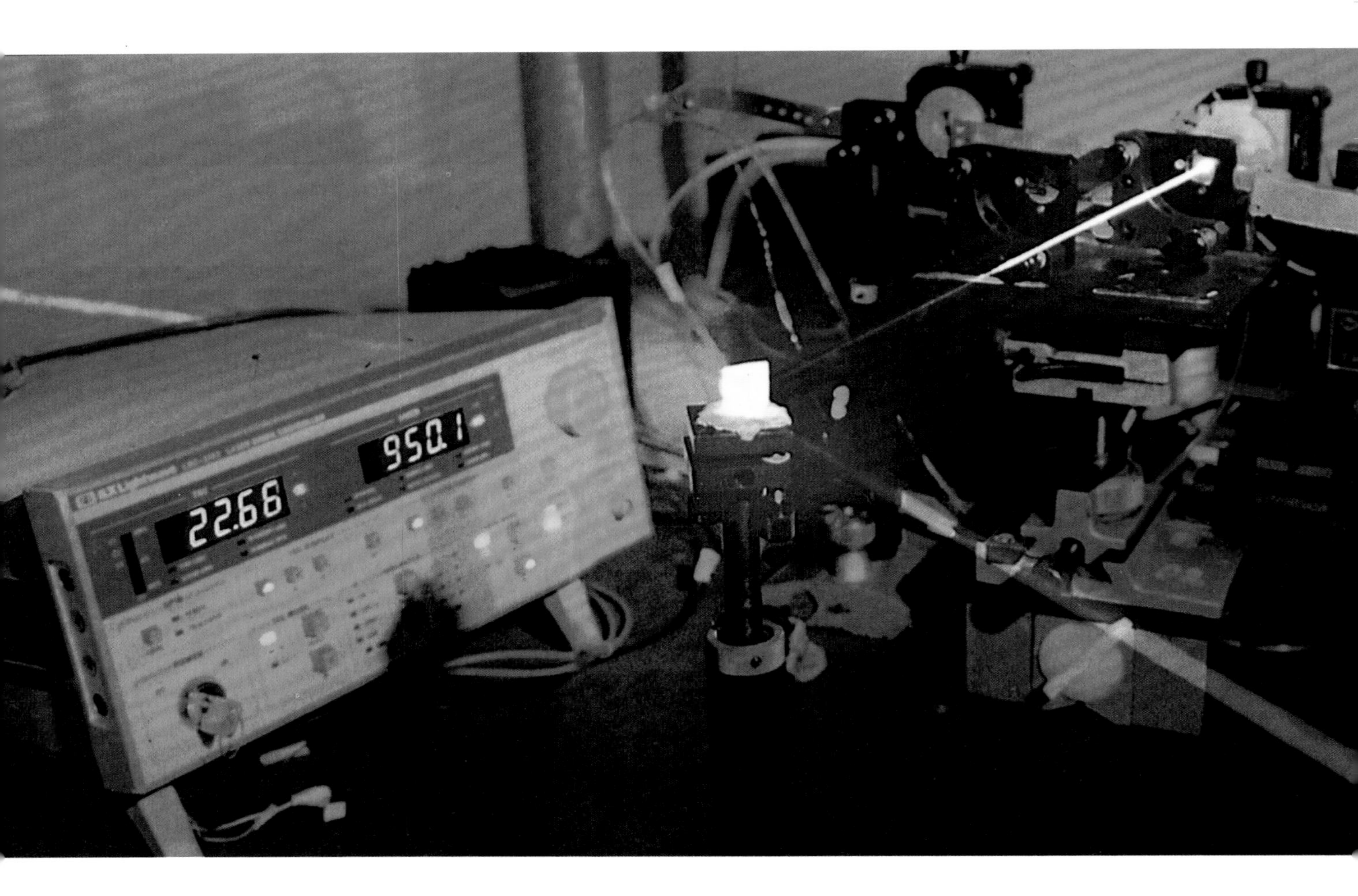

∧ 山东大学研制的可用于信息处理、激光打印、光盘的绿光固体激光器。

国家软科学研究计划

国家软科学研究计划是为国家发展提供宏观咨询服务的重大科技计划。是为了做好软科学研究项目的申报与审批管理工作，为编制国家软科学研究计划奠定基础，推进软科学研究管理的科学化和规范化而制定。

军转民技术开发计划

军转民技术开发计划就是通过专项资金的拉动作用，积极支持和引导国防科技工业的企事业单位开发高新技术产品并实现产业化，加速建立创新体制和机制，促进民品产业和产品结构的调整，推动国防科技工业经济的发展。国防科技工业深入贯彻“军民结合、寓军于民”的战略方针，在确保完成军品科研生产任务的同时，利用军工技术、人才和装备优势，开发了大量军转民技术和产品，促进了国防科技工业的经济增长，带动了国民经济相关产业的发展，为经济建设做出了重要贡献。

利用原有的科技成果，发展民用产品，贵州风光电工厂建成先进的75毫米集成电路生产线，能生产各种集成电路和半导体分离器件。

（二）“八五”时期出台的国家科学计划和相关工作

国家工程（技术）研究中心计划

国家工程（技术）研究中心计划是构建社会化科技创新体系的重要组成部分，也是科技计划的重要内容。面对世界科技发展与应用的大趋势，根据国民经济发展和社会主义市场经济的需要，为加速科技体制改革，促进科技成果向现实生产力的转化，使我国的经济建设及时地调整到依靠科技进步和提高劳动者素质的轨道上，从加强工程化研究入手，为解决企业所需的共性技术、关键技术，有针对性地提供系统集成的工程化研究环境和手段，促使经济建设和社会发展朝着依靠科技、走内涵式道路的方向上进行。

国家基础性研究重大项目计划（攀登计划）

随着科学技术的迅速发展，基础性研究对国民经济和社会发展的巨大推动作用及战略影响已引起世界各国的重视。为了体现国家目标对基础性研究的指导作用，1991年设立了国家基础性研究重大项目计划（攀登计划），把基础性研究中相对比较成熟，对国家经济和社会发展及科学技术进步具有全面性和带动性的重大关键项目组织起来，以国家指令性计划的方式予以实施。攀登计划对我国加强和实现基础性研究目标起了十分重要的作用。

^ 位于成都的核工业西南物理研究院在受控核聚变实验装置——中国环流器二号 A 装置上首次实现了偏滤器位形下高约束模式运行。这是我国磁约束聚变实验研究史上具有里程碑意义的重大进展，标志着中国磁约束聚变能源开发研究综合实力与水平得到了极大提高。

开发核聚变能源　造福子孙

国家重大科技成果产业项目计划和示范工程

为了加速重大成果转化，将已取得的一批符合产业发展方向的重大科技成果推向产业化，以充分发挥其高附加值效益优势，为基本建设和技术改造提供示范、样板工程，对产业结构的调整起先导和推动作用，国家在基本建设投资中，试行安排“重大科技成果产业化国家开发银行专项贷款”，支持对国民经济发展有重大影响的、综合性、成套性的重大科技成果产业化工程项目。

生产力促进中心

生产力促进中心是市场经济条件下发展和传播先进生产力、扶助中小企业技术创新的科技服务机构。生产力促进中心作为一种与国际接轨的、为中小企业提供社会服务的中介机构，为提高企业特别是中小企业的技术创新能力和市场竞争力做出了重要贡献，发挥着不可替代的作用。

中国工程院成立

1994 年 6 月 3 日，中国工程院成立大会在北京中南海怀仁堂召开，并产生首批院士。新中国成立后，党和政府十分重视工程技术的发展，早在 1955 年成立中国科学院学部时，就设立了技术科学部。在中国工程院成立大会上，多位党和国家领导人亲临大

1994 年 6 月 8 日，中国工程院选出的院长朱光亚（中）与 4 位副院长卢良恕（左一）、朱高峰（左二）、师昌绪（右二）、潘家铮（右一）。

会，并作重要讲话，江泽民主席亲笔题字“祝贺中国工程院成立”。

中国工程院是中国工程技术界最高荣誉性、咨询性学术机构，是国务院直属事业单位。中国工程院设立院士制度。中国工程院院士是国家设立的工程技术方面的最高学术称号，是从已经在工程科学技术领域中做出系统性、创造性成就和贡献的优秀工程科学技术专家中选举产生的，为终身荣誉。每两年增选一次。

中国科协主办青年科学家论坛

1995 年 6 月 12—13 日，中国科协主办的“青年科学家论坛”开幕式暨第一次活动在北京举行。出席开幕式的有全国人大常委会副委员长吴阶平、国务委员兼国家科委主任宋健、中国科协主席朱光亚、中国科学院院长周光召、著名光学家王大珩等。中国十大杰出青年冯长根、白春礼以及贺福初、马克平博士等 28 位从事生命科学研究工作的青年科学家参加首次活动，就生命科学中的若干热点问题进行了研讨。与会青年科学家高度评价了这个高层次的青年科学家论坛，认为中国科协为青年科学家营造了一个良好的相互切磋的学术交流氛围，这是在鼓励青年科学家走向世界科技最前沿，有利于培养和造就更多的跨世纪优秀科技人才和学术带头人。会议期间，青年科学家们建议论坛按照百花齐放、百家争鸣的方针，坚持实事求是的科学态度和优良学风，倡导学术民主和学术自由，另外在选题上要特别注意新兴学科和边缘、交叉学科。从此，青年科学家论坛在全国各地展开。截至 2018 年年底，论坛共举办 370 期。

∧ 1995 年 6 月，中国科协主办的“青年科学家论坛”在北京开幕。

（三）重大科技前沿研发方面

这期间，重大科技成果在一些领域已经达到或者接近世界先进水平，推广了一大批重大科技成果，提高了传统产业的技术水平和经济效益。银河巨型计算机的研制成功，水下导弹、长征二号大推力捆绑式火箭、亚洲一号通信卫星的成功发射等，表明我国在高能物理、计算机技术、运载火箭技术、卫星通信技术等方面有了新的突破。

长征二号大推力捆绑式火箭

1986 年，为了适应国际卫星发射市场的需求和推进航天技术的进一步提高，我国把研制大推力捆绑式火箭提上日程。长征二号 E 火箭的最大特点是采用先进的捆绑技术，从而大大提高了火箭的运载能力，满足了当时发射重型低轨道卫星的要求。长征二号 E 运载火箭的研制成功，不仅大大增强了中国的低轨道和地球同步转移轨道的运载能力，而且为中国大推力火箭的研制发挥了承前启后的作用。1995 年，长征二号 E 火箭在一年之内进行了 3 次国际商业发射。1 月 26 日在发射美制亚太二号通信卫星时，火箭发生爆炸，造成星箭俱毁。这是“长二捆”火箭的一次真正的失败。经过一系列的整改后，长征二号 E 火箭走出阴霾，于 11 月 28 日和 12 月 28 日发射两发两中，将亚洲二号和艾科斯达一号两颗通信卫星准确送入预定轨道。我国长征二号 E 大推力火箭以它巍巍雄姿登上了国际卫星发射舞台。

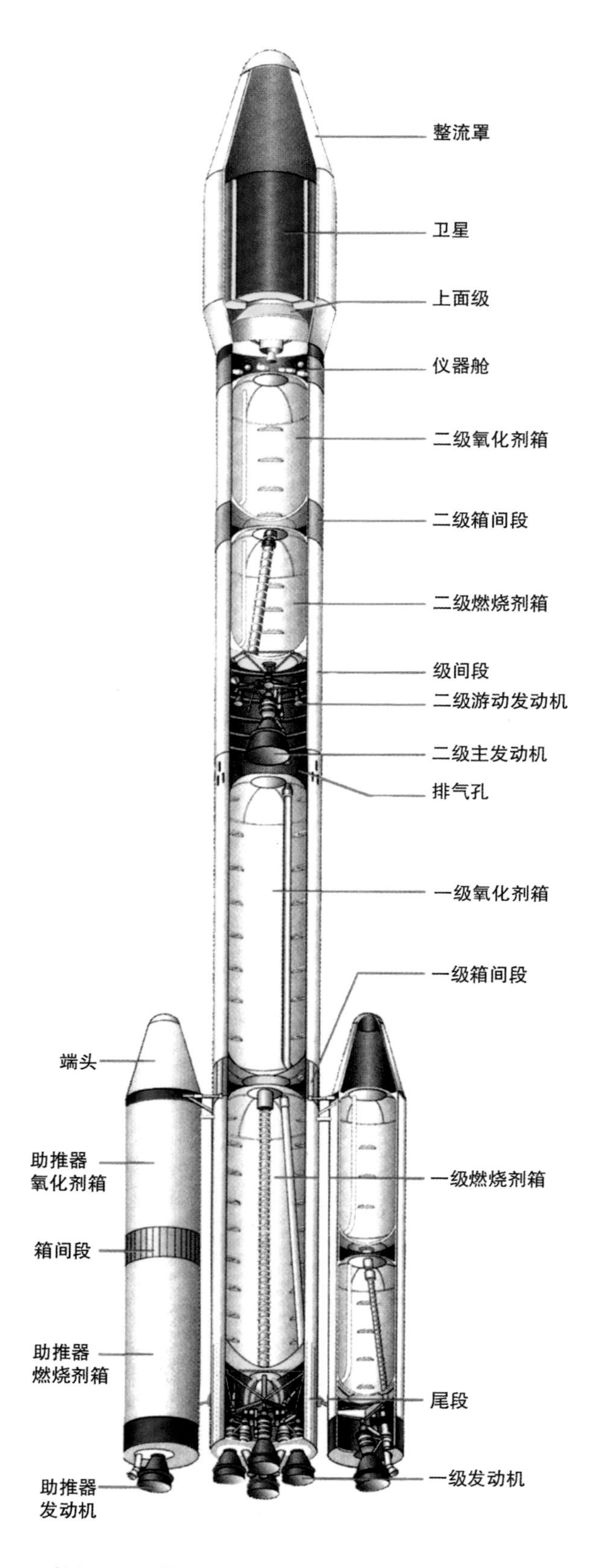

∧ 长征二号大推力捆绑式火箭。

1 2

1. 1988 年中国核潜艇水下发射导弹成功。
2. 亚洲一号通信卫星。

水下导弹发射成功

1988 年 9 月，中国核潜艇水下发射导弹成功。这标志着人民海军战斗力有了质的飞跃。水下弹道导弹发射的试验，为中国核潜艇由攻击型演变成战略型探索出一条路子，使中国核潜艇也具备了核打击的能力。

亚洲一号通信卫星成功发射

1990 年 4 月 7 日，我国在西昌卫星发射中心用长征二号捆绑式火箭成功发射了亚洲一号通信卫星。亚洲一号通信卫星的制造厂商美国休斯公司和亚洲卫星公司的专家与我国航天专家一道进行了这次发射合作。成千上万的汉、彝、藏等各族人民以及来自 17 个国家和中国香港、台湾地区的 200 多位嘉宾，聚集在发射现场，目睹了我国运载火箭发射外国卫星的壮景。这标志着中国正式进入国际航天发射市场。

人类基因组草图中国卷完成

1999 年 12 月 1 日，由英、美、日等国科学家组成的研究小组宣布已破译出首对人体染色体遗传密码，这是人类科学领域的又一重大突破。人类基因组计划（HGP）是一项举世瞩目、越国界、跨世纪的科学壮举，具有推动科学和技术的发展、造福人类的重要历史意义。2001 年 8 月 26 日，国家科学技术部会同中国科学院、国家自然科学基金委员会组

^ 2000 年 7 月 3 日，承担 1% 人类基因组测序任务的中国科学院遗传所人类基因组中心在北京举行颁奖大会，表彰参与人类基因组计划的科学家和有关合作单位。图为中国科学院遗传所所长李家洋（左）将奖旗颁授国家自然基金委员会人类基因组重大项目秘书长、中国科学院遗传所人类基因组中心主任杨焕明。

织有关专家在北京国家人类基因组北方研究中心对“人类基因组计划中国部分测序项目”进行了验收。中国作为参加人类基因组计划 6 个成员国（美国、英国、法国、德国、日本、中国）中唯一的发展中国家，承担了 1% 的测序任务。中国科学院北京基因组研究所所长、北京华大基因研究中心主任杨焕明教授一直从事基因组科学的研究。他主持完成了人类基因组计划中国部分的测序任务，使中国成为这一被称为“生命科学领域的登月计划”的宏伟项目的成员国，得到了各国领导人和国际科学界的高度赞扬。

克隆牛“康康”“双双”诞生

2001 年 11 月，由董雅娟、柏学进主持的我国首例体细胞克隆牛“康康”和第二例克隆牛“双双”先后在莱阳农学院诞生。被命名为“康康”的克隆牛是一头黑色的肉牛，出生时体重 30 千克，体长 64 厘米，心跳和呼吸均非常健康。它的降生出乎在场专家的意料，生产过程非常顺利，刚刚出生一个多小时康康就已经活蹦乱跳了。几天后，与康康的母亲桂花同时怀上克隆牛的另一头母牛翠花也顺利生产一头雌性小牛，名叫双双。康康、双双是由我国第一次自主使用克隆技术培育成功的，极大地推动了我国动物克隆技术的发展。这也是当时我国仅有的两只健康存活的体细胞克隆牛，也是世界

∧ 出生不久的小牛康康身体十分健康，饲养员正在给康康喂奶。（新华社记者吴增祥 摄）

上唯一的双胞胎克隆牛，这意味着我国克隆牛的成功率达到世界先进水平。

赵忠贤高温超导研究取得成果

超导是物理世界中最奇妙的现象之一。正常情况下，电子在金属中运动时，会因为金属晶格的不完整性（如缺陷或杂质等）而发生弹跳损耗能量，即有电阻。而超导状态下，电子能毫无羁绊地前行。这是因为当低于某个特定温度时，电子即成对，这时金属要想阻碍电子运动，就需要先拆散电子对，而低于某个温度时，能量就会不足以拆散电子对，因此电子对就能流畅运动。1986 年 3 月 28 日，中国科学院物理研究所赵忠贤领导的科研小组报告，氟掺杂镨氧铁砷化合物的高温超导临界温度可达 52K（−221.15℃）。4 月 13 日该科研小组又有新发现：氟掺杂镨氧铁砷化合物假如在压力环境下产生作用，其超导临界温度可进一步提升至 55K（−218.15℃）。此外，中国科学院物理所闻海虎领导的科研小组还报告，锶掺杂镧氧铁砷化合物的超导临界温度为 25K（−248.15℃）。

∧ 赵忠贤（1941— ），著名超导专家，中国科学院学部委员（院士）。20 世纪 80 年代，我国超导高技术研究备受社会关注。图为赵忠贤（左）在实验室进行超导体样品的电磁性质的检测。

（四）应用科技基础研究

基础研究是科技与经济发展的源泉，是新技术、新发明的先导。《十五年科技规划》期间要求紧紧围绕国家战略需求和国际科学前沿，集中力量支持国民经济、社会发展和国家安全中重大科学问题的研究，加强应用基础研究，力争在基因组学、信息科学、纳米科学、生态科学、地球科学和空间科学等方面取得新进展；稳步推进学科建设，加强数学、物理、化学、天文等基础学科重点领域的前沿性、交叉性研究和积累；创造一个自由思考、追求真理、不断进取的环境，鼓励科学家进行探索性研究。不断培养高水平的人才队伍，增强我国基础研究的持续创新能力，努力攀登世界科学高峰，力争经过 10～15 年的努力，使我国进入世界科学中等强国行列，基本能够自主解决经济、社会发展和国家安全中的重要科学技术问题。

瓮安动物化石群研究取得成果

1998 年，陈均远等在贵州瓮安震旦系陡山沱组（约 6 亿年前）磷块岩中发现蓝菌、多细胞藻类、疑源类、后生动物休眠卵及胚胎、可疑的海绵动物、管状后生动物和微小两侧对称的后生动物等化石类型。该动物群被认为是目前化石记录中保存最好的

< 瓮安动物化石。

有细胞结构的植物多细胞化证据。瓮安这块神秘的土地，成为了从分子、细胞、个体发育和成年形态学的不同角度来探索动物起源和早期演化的窗口。

首次构建水稻基因组精细图

我国于2000年5月宣布实施超级杂交水稻基因组计划。2002年12月12日，中国科学院、国家科技部、国家发展计划委员会和国家自然基金会联合举行新闻发布会，宣布中国水稻（籼稻）基因组“精细图”已经完成。和国际上其他几大水稻基因组计划不同的是，我国科学家的测序材料是袁隆平院士提供的超级杂交水稻。在一年多的时间里，科学家以高效率和高质量完成了工作。绘制的水稻基因组“工作框架图”，基本覆盖了水稻的整个基因组和92%以上的水稻基因。科学家的工作量，相当于把水稻基因组反复测定了10次。科学家惊奇地发现：水稻基因组的基因总数在46022～55615个，几乎是人类基因总数的两倍。

秦山核电站建成

中国自20世纪70年代初提出建设核电站。1970年2月，周恩来总理明确指示中国要搞核电站。同年12月15日，周总理听取核电站原理方案的报告，并为核电站建设制定了“安全、适用、经济、自力更生”的方针。1981年11月，国务院批准了首座核电工程项目。1982年11月国务院批准了这一工程选址浙江海盐的秦山。

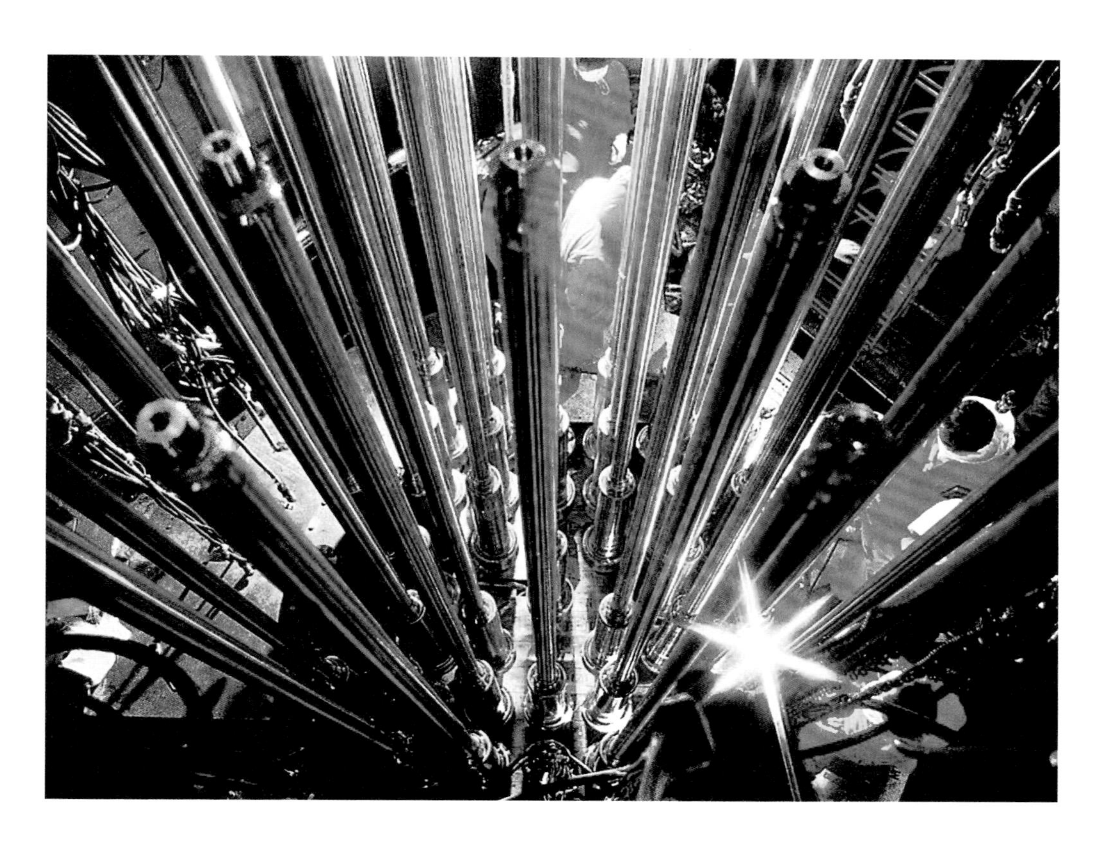

秦山核电站并网发电。

1991年12月15日凌晨，中国自行设计建造的第一座核电站——秦山核电站并网发电，从而结束了中国内地没有核电的历史。秦山核电站的建设成功，标志着中国已掌握了核电技术，从而成为世界上继美国、英国、法国、苏联、加拿大、瑞典之后第七个能够独立设计制造核电站的国家。中国克服了重重困难，独立自主地建成了秦山核电站，这是综合国力的显示，对解决中国，特别是东部沿海地区能源供需不平衡状况具有重要意义。

纳米技术领域屡创佳绩

纳米科学和技术是当今世界公认的前沿领域之一。纳米技术是20世纪90年代出现的，在0.10～100纳米（即十亿分之一米）尺度的空间内，研究电子、原子和分子运动规律和特性的崭新技术。纳米科技是用单个原子、分子制造物质的科学技术，它的出现会引发一系列新的科学技术，例如纳电子学、纳米材科学、纳米机械学等。我国纳米研究水平和研发能力逐步进入国际的主流方向，并取得了突出的成绩，居于国际科技前沿。

∨ 中国科学院快速凝固非平衡合金国家重点实验室的科研人员在做纳米材料制备实验。

（五）农业技术

主要是农作物的良种培育和相应的栽培技术，例如抗大麦黄矮病毒的转基因小麦，抗青枯病转基因马铃薯、抗虫棉花、转基因水稻在世界首次获得成功。我国两系法（亚种间杂交优势利用）研究居世界领先地位。

抗大麦黄矮病毒的转基因小麦

1995 年 11 月下旬，世界上第一株抗大麦黄矮病毒的转基因小麦由中国农业科学院植物保护研究所成卓敏率领的课题组培育成功，并在京通过专家鉴定。课题组经过 3 年努力，测出了黄矮病毒外壳蛋白基因核苷酸序列，破译了其遗传密码，并进行人工合成。随后，课题组应用花粉管通道法和基因枪法等转化途径，将人工合成的病毒外壳蛋白基因导入普通小麦中。经过 3 种方法检测，证明外源基因确已存在于转基因小麦中，并稳定遗传到第三代。中国在世界首次获得了抗病毒转基因小麦，为小麦抗病育种奠定了坚实基础。

我国两系法杂交水稻研究居世界领先地位

1998 年，中国农业科学院作物所研究员薛光行等科研人员历经 11 年研究，揭开了阻碍我国两系法杂交水稻推广的难解之谜。他们发现，研究光、温敏强度的消长与变异规律更为重要，当前两系法杂交水稻制种、繁种生产中风险偏高是由不育系植株对光、温的敏感性不致造成的。多年来，两系法杂交水稻因为纯度不高、结实率不稳，使它的推广受到一定影响。对此，中国农业科学院作物所开展了深入研究，科研人员从当前生产上用的核心种子“培矮 64S”分选出一个“C03”品系，它在北京地区的抽穗期比“培矮 64S”晚一周，然而纯度和不育性稳定性都比“培矮 64S”好。薛光行认为，这一研究的意义在于它能提高光敏核不育系的素质，进一步提高不育系和杂交水稻的纯度及育种成功率，使种子繁育速度加快，降低两系法杂交水稻生产的风险和成本。

1. 抗大麦黄矮病毒的转基因小麦。
2. 两系法杂交水稻。

（六）医学领域

基因乙肝疫苗、干扰素、白介素 -2、碱性成纤维细胞生长因子已走上产业化，多项指标达到或优于国际上同类产品的指标。生物技术方面，多项已处于世界前列。

∧ 我国在实验医学上，对激素代谢、药物代谢、免疫机制和中医中药等方面都展开了研究，提供了有价值的资料。图为研究制备放射性仪表的辐射源。

我国首创基因工程药物——干扰素

恶性肿瘤、乙型肝炎等疾病严重危害人民的身体健康，利用基因工程生产药物和疫苗，防治疑难疾病，是当代生物技术的热点。我国研制的基因工程干扰素 α1b，是世界上第一个采用中国健康人白细胞来源的干扰素基因克隆和表达的基因工程药物，α－型干扰素是目前世界上公认的抗肝炎病毒最有效的药物，是我国“863”计划生物技术领域第一个实现产业化的产品，是我国卫生部批准生产的第一个基因工程药物，并被列入第一批国家级火炬计划项目，是我国首创的国家级一类新药。干扰素为内源性药物，能够治疗很多种疑难病症，内源性药物是医药发展的一个新方向。

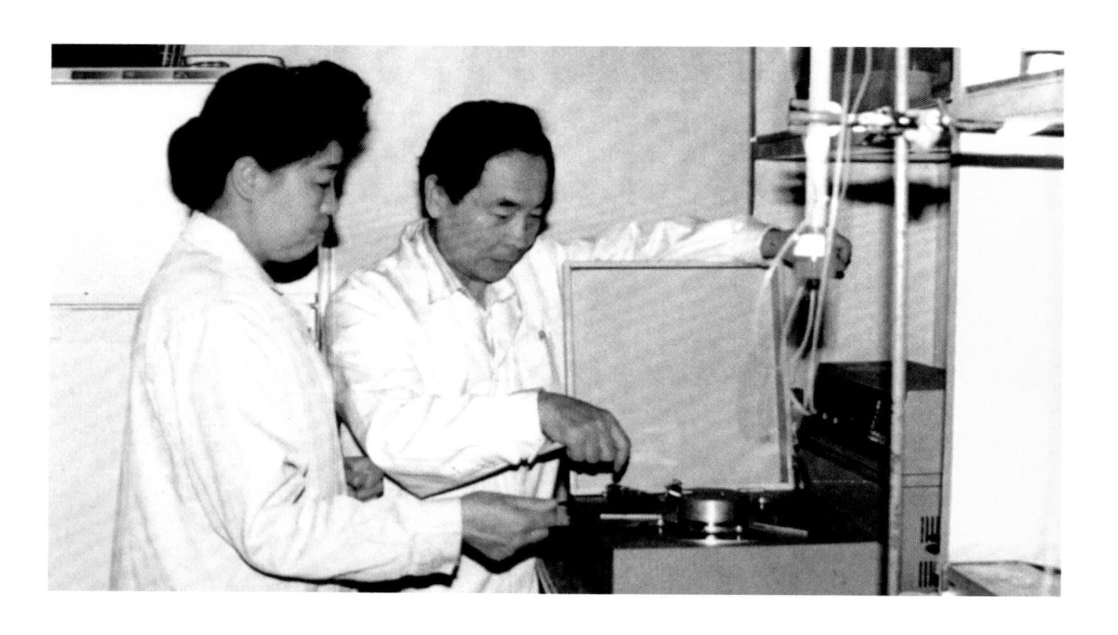

∧ 侯云德（1929— ），医学病毒学专家，中国工程院院士。侯云德（右）成功研制出基因工程药物干扰素。

（七）资源勘探

为了增加油气供给，保障国家能源安全，必须寻求油气勘探的新途径，强化油气勘探，促进油气发现。主要是塔里木盆地油气资源的系统研究、东海气田的勘探研究。有色金属勘探重点在“西南三江成矿带”，即怒江、澜沧江、金沙江（元江）的三江并流地区，包括青海南部、西藏东部、四川西部、云南西部地区以及新疆地区。成矿带位处印度板块与扬子板块结合部位，地质构造复杂、沉积建造多样、岩浆活动频繁、变质作用强烈。

西南三江矿带考察

我国西南怒江、澜沧江和金沙江—红河流域通称三江地区。在地质上处于特提斯喜马拉雅构造域东部挤压、褶皱及推覆最强烈的地带。区内地质构造十分复杂，形成了规模大、数量多的弧形深断裂及大断裂，有色金属、贵金属和稀有金属－非金属等矿藏十分丰富，分布着一系列各具特色的矿集区，如玉龙以铜金属为主，金顶以铅锌为主，牦牛坪以稀土为主，哀牢山以金为主等。我国的科研人员在对这些矿集区的基本特点进行归纳的基础上，探讨了矿集区分布的基本格局（即两横两纵两斜加一点）及其构造背景。在此基础上，提出了 3 个可以扩大远景的矿集区和 3 个潜在的矿集区，进一步探讨其新的找矿方向。

图为科技人员在三江矿带进行科学考察。

塔里木、东海油气田勘探

塔里木盆地是我国最大的含油气盆地，油气资源量达 178 亿吨，勘探前景十分广阔。但该盆地地表条件极其恶劣，地质构造极其复杂，是世界上油气勘探开发难度最大的区域之一。1989 年我国石油科技人员开展塔里木油田会战，1998 年发现克拉 2 气田，促成了西气东输工程的立项和决策，开启了我国大规模利用天然气的时代，为改变我国能源结构做出了积极贡献。自 1974 年起，中国即开始在东海进行石油、天然气勘测，并发现了多个油田。1995 年，新星公司在春晓地区试钻探成功。春晓油气田距上海东南 500 千米，距宁波 350 千米的东海海域，所在的位置被专家称为“东海西湖凹陷区域”。这个海上油气田由 4 个油气田组成，占地面积达 2.2 万平方千米。

^ 柴达木盆地内有丰富的石油。1959 年 1 月，青海石油勘探局更名为青海石油管理局后，集中主要力量在冷湖进行钻探工作，当年青海石油管理局原油产量就超过 30 万吨。

1 | 2

1. 塔里木油田亚洲规模最大的天然气处理厂——克拉作业区中央处理厂。
2. 塔里木盆地石油勘探现场。

（八）环境考察

把固体地球、气圈、水圈、生物圈组成的复杂耦合系统作为整体开展研究，为解决国家资源、能源、环境、自然灾害等重大问题提供基础资料和理论依据。生态学的研究着重于系统的协同进化、退化生态系统的机理和优化人工系统的组建等，为改善环境、促进社会发展做贡献。

雅鲁藏布江大峡谷科学考察

1994 年，我国科学家组成一个科学考察队，对雅鲁藏布江大峡谷进行科学考察，揭开了雅鲁藏布江大峡谷神秘面纱的一角。雅鲁藏布江大峡谷位于“世界屋脊”青藏高原之上，平均海拔 3000 米以上，险峻幽深，侵蚀下切达 5382 米，具有从高山冰雪带到低河谷热带季风雨林等 9 个垂直自然带，是世界山地垂直自然带最齐全、完整的地方，这里汇集了许多生物资源，包括青藏高原已知高等植物种类的 2/3，已知哺乳动物的 1/2，已知昆虫的 4/5 以及中国已知大型真菌的 3/5，堪称世界之最。

∧ 雅鲁藏布江大峡谷。

∧ 北极考察的艰险除了冰崩、酷寒、暴风雪之外，还增加了北极熊的威胁。图为科考学家在北极浮冰上进行气象梯度观测，荷枪为防北极熊袭击。

北极科学考察

中国首批北极科学考察队乘雪龙号科学考察船于 1999 年 7 月 1 日从上海出发，穿过日本海、宗谷海峡、鄂霍次克海、白令海，两次跨入北极圈，到达楚科奇海、加拿大海盆和多年海冰区，圆满完成了三大科学目标预定的现场科学考察计划任务，获得了大批极其珍贵的样品、数据和资料。满载着中国首次北极科学考察丰硕成果的雪龙船，历时 71 天，安全航行 14180 海里（1 海里约为 1.852 千米，下同），航时 1238 小时，于1999年9月9日返回上海港新华码头。考察船在返航途中曾停靠在阿拉斯加诺姆（NOME）港进行油水补给。本次考察主要工作区域是白令海、楚科奇海。

（九）大型成套设备研制

大型成套设备主要是2000万吨级大型露天矿成套设备、60万千瓦核电机组、50万伏直流输变电成套设备、重载列车成套设备、30万吨乙烯成套设备等。

∧ 建设中的宁夏30万吨乙烯化工厂。

30万吨乙烯化工厂

改革开放以来，我国石化产业一直处于高速发展的状态，作为石油化工产业的龙头——乙烯工业的发展在我国呈现出争先恐后上项目的局面。乙烯工业是一种高投入、高产出、高技术含量、高附加产值的重化工工业。乙烯工业布局必须符合国家经济整体发展的需要，符合区域经济的特点。我国在发展乙烯工业时汲取了美国、日本、韩国等国家的乙烯工业布局的经验，设计了合理的乙烯工业布局，实施了乙烯工业大型化、规模化、基地化和园区化的发展模式，逐步做到有效、快速发展。

∨ 国家重点工程——格尔木炼油厂。

2000 万吨级的大型采矿设备

我国是世界采矿大国之一，金属矿石产量居世界前列。1999 年金属矿山矿石产量超过 3 亿吨，其中铁矿石为 2.09 亿吨、有色金属矿石为 0.93 亿吨。采矿工业的进步主要取决于采矿装备的发展。与国外先进的采矿装备相比，我国金属矿山尤其是地下金属矿山在这方面差距很大。改革开放以来，通过对重大采矿装备的技术攻关和对国外先进技术装备的引进消化，我国采矿装备得到了很大发展，具备了一定的规模和水准，我国已能制造各种主要采矿设备，可成套装备年产 1000 万吨露天矿及 100 万吨地下矿。随着我国加入世界贸易组织，随着 21 世纪知识经济时代的到来，我国金属矿山采矿设备的发展获得了极好的机遇。

∧ 在矿山采矿的大型机械。

^ 这列蓝白相间的火车是 20 世纪 90 年代由我国自行设计制造的准高速列车。

（十）交通技术

交通技术主要是铁路运营管理和控制技术，铁路高速客运技术，新型机车技术，高等级公路和路用材料技术，民航导航通信、空中交通管制和运行管理技术，干线飞机设计制造技术，内河航道疏浚装备和内河新型船舶技术、港口装卸技术等。

（十一）原材料技术

原材料技术主要是大品种化工催化剂的国产化、煤化工技术、氧煤强化冶炼技术、有色金属节能和综合利用技术、建材工业的节能技术和耐火材料制造技术等。

（十二）其他技术

主要是人口控制和优生优育技术、疾病防治新技术、污染防治综合技术、水土保持技术、重大和频发性自然灾害的监测预报技术等。

四、科学技术是第一生产力
——《纲领》和《纲要》的实施

1978 年，举世瞩目的全国科学大会拉开了中国奔向“四个现代化”的伟大序幕，随着科学技术的现代化成为实现“四个现代化”的关键，知识分子的地位第一次被作为工人阶级的一部分而大大提高了。就在这次会议上，邓小平同志提出了“科学技术是生产力”的著名论断，1988 年，邓小平同志又进一步深刻地指出“科学技术是第一生产力”。从此，发展科学技术成了一项战略任务和当务之急。

人类社会处在迎接世纪之交的年代，世界正经历一场巨大的变革。新科技革命迅猛发展，市场竞争日益加剧，国际政治风云变幻，我们的国家和民族面临着紧迫而严峻的挑战。我国必须按照“一个中心，两个基本点”的基本路线，全面实行改革开放，大力推动经济建设转移到依靠科技进步和提高劳动者素质的轨道上来。为此，1992 年国务院颁布了《国家中长期科学和技术发展纲领》（简称《纲领》），科技部制定了《中长期科学和技术发展纲要：1990—2000—2020》（简称《纲要》），针对中长期科技发展前景，围绕科技与经济、社会发展的关键问题做了宏观、概括性的表述。

发展高新技术及其产业

在邓小平“科学技术是第一生产力”思想和“发展高科技，实现产业化”方针引导下，通过改革创新的推动和市场机制的引导，在充分发挥我国科技力量的优势和潜力的基础上，高新技术的商品化、产业化和国际化步伐大大加快，探索出一条中国高新技术产业化的道路。

稳定地加强基础研究

发展基础研究，对于中国实现跨入科技大国行列、进而成为科技强国的目标至关重要。与主要发达国家和一些新兴工业化国家相比，我国在基础研究方面有明显的差距。为解决这一问题，必须要分析我国对基础研究的需求，制定切实可行的基础研究发展目标。

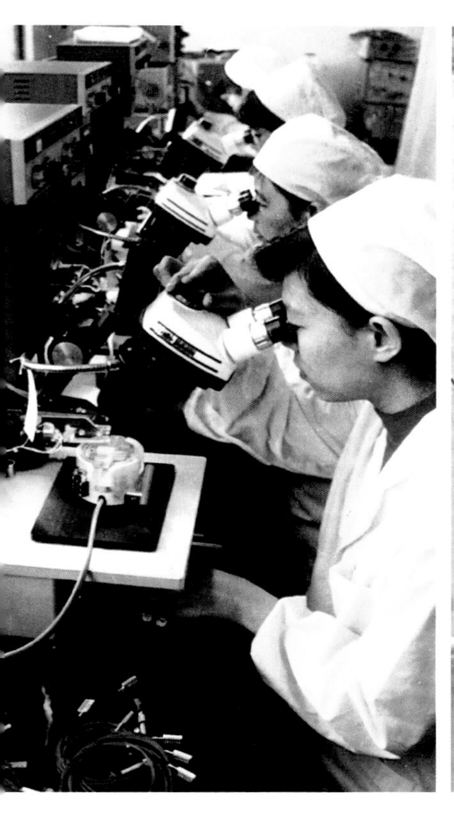

1 2

1. “863” 产品开发基地可根据市场需求生产各类新型、高性能量子阱半导体光电子器件的生产线。
2. 天津协和干细胞有限公司建成基因工程药物生产基地。

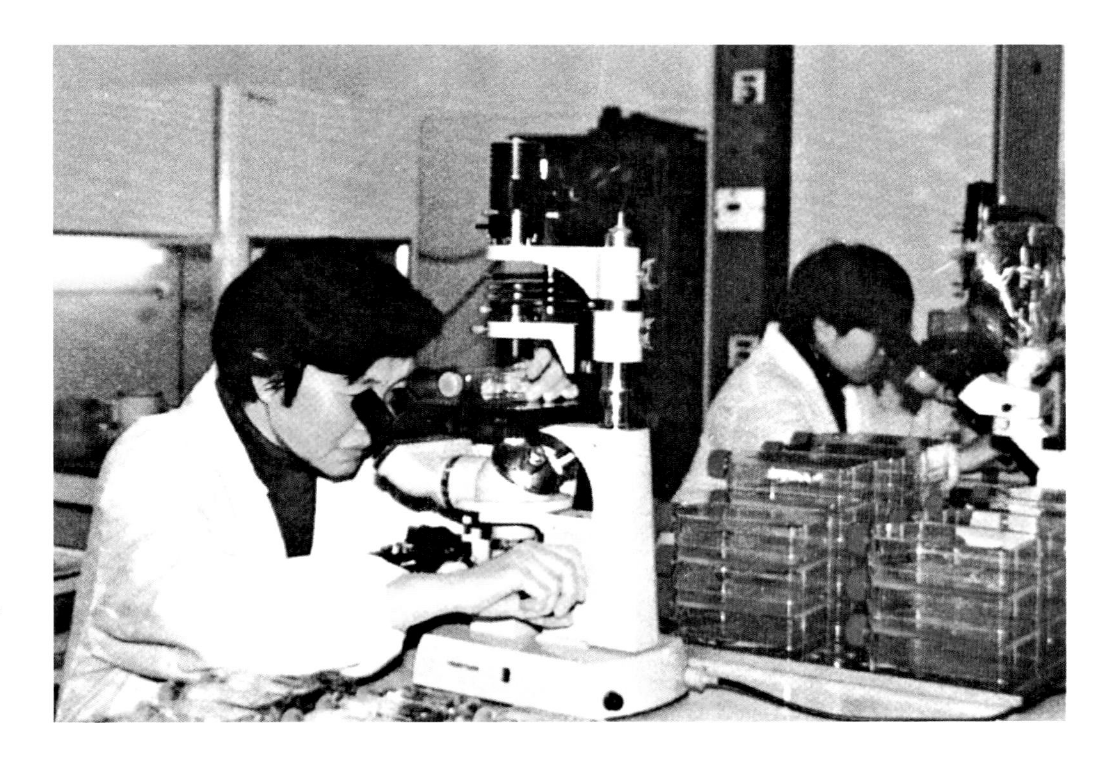

复旦大学研究人员制备用于基因治疗的基因工程细胞。

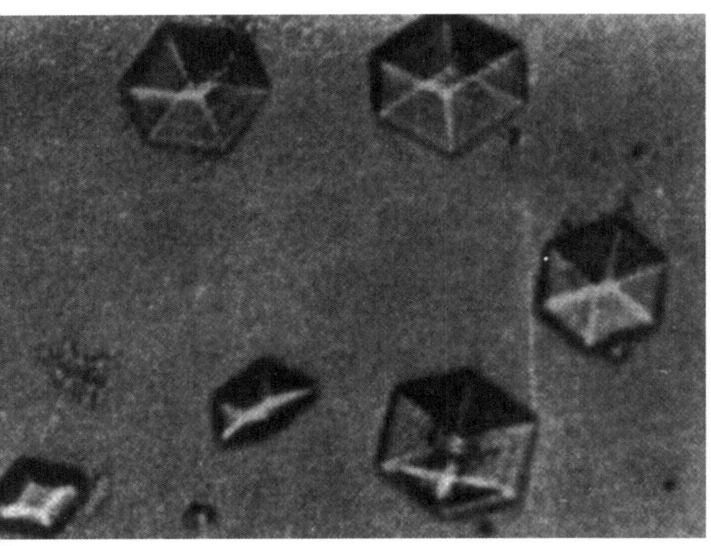

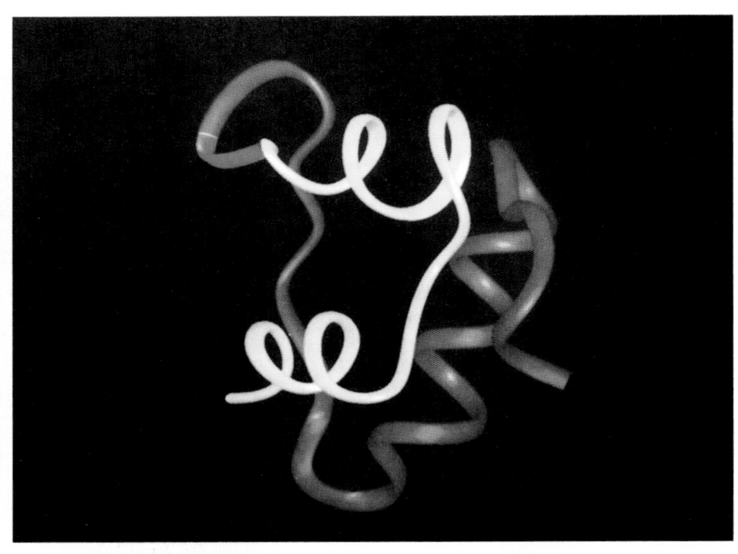

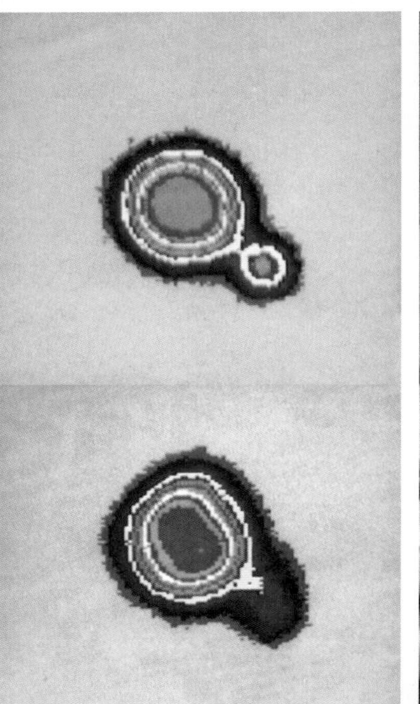

1	2
3	4

1. 基因工程胰岛素晶体。
2. 基因工程制备的胰岛素前体。
3. 天文望远镜的红外自适应光学成像系统所拍摄的双星照片。
4. 安装在 2.16 米天文望远镜上的红外自适应光学成像系统。

∧ 受控核聚变研究装置——中国环流器一号的主机。

发展信息科学和技术

世界已进入信息时代，在当前世界经济高速增长、竞争异常激烈的时代，信息技术一方面创造了巨大的物质财富，另一方面也引起了社会生产方式、生活方式乃至思维方式的变革。面对这样一个现实，中国从本国国情出发确定智能技术、光电子技术、信息获取与处理技术和现代通信技术作为研究的主题，旨在为振兴民族信息产业奠定坚实的基础。主要包括：微电子技术中的 3 微米生产工艺、1 微米和亚微米工艺技术；专用集成电路和关键专用设备的研制；五次群光通信系统技术、遥感技术以及大型计算机系统、软件工程技术等。

< 北京大学研制的12路波分复用+光纤放大器光纤传输系统，采用自行开发的波长自动控制系统。

< 用于大功率半导体激光气泵浦的绿光激光器具有输出功率大、效率高、寿命长、体积小、使用方便等优点，在彩色投影电视、激光打印机、光盘技术、医疗、水下通信、探潜、光谱技术、导航中有广泛应用。

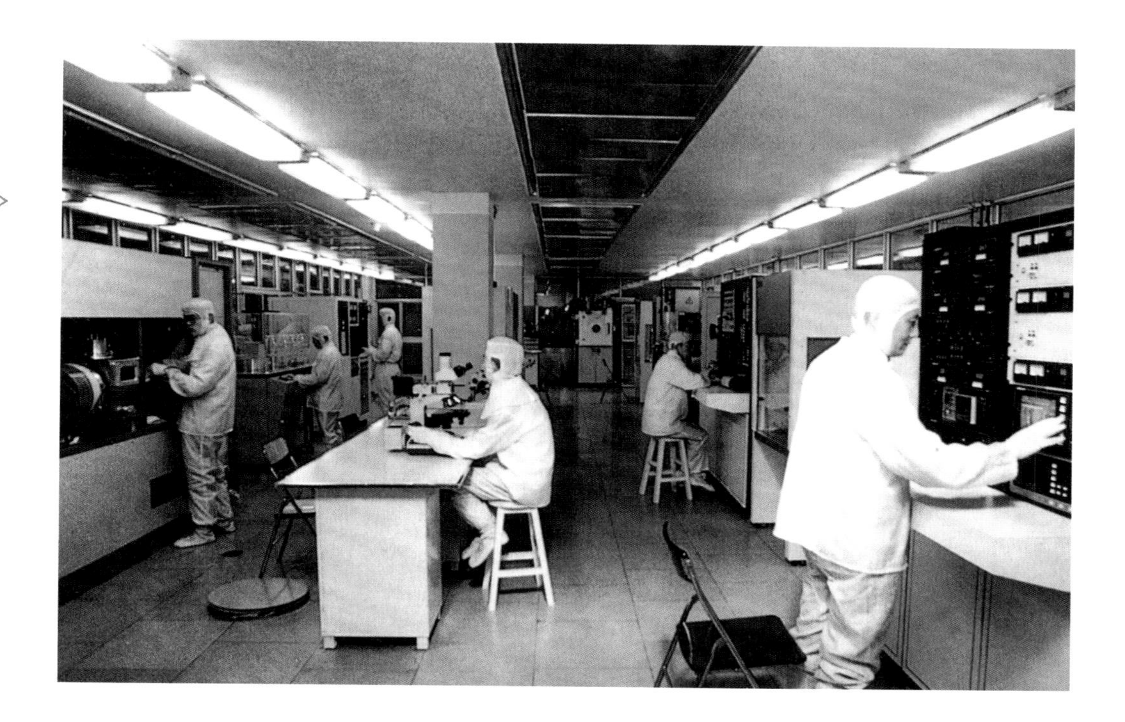

光电子技术是电子技术、光学技术和激光技术相结合形成的一门交叉学科，具有信息通信容量大、中继距离长、信息存储密度大、信息处理速度快、容易实现并行及互联处理、信息获取灵敏度高以及抗电磁干扰、抗辐射等一系列特点。

生命科学和生物技术

生命科学和生物技术大量应用于国家的农业、工业和安全领域，研究范围日益广阔，包括基因工程、蛋白质工程、细胞工程、组织工程、动物克隆等诸多方面，涉及医学、药物学、海洋科学等学科，例如个体化疾病诊断、治疗和预防等。通过一段时期的发展，我国在生命科学和生物技术领域的原始创新能力有大幅度提高。如：采用基因导

黑龙江省水产科学研究所研制出的快速生长的转基因鲤鱼可增产15% 以上。

入和整合方法，培育具有特殊性能的动植物新品系，使农业生产技术产生了奇迹；培育出抗棉铃虫转基因棉花植株，抗黄矮病、赤霉病、白粉病小麦在田间试验获得成功；转基因快速生长鱼和试管牛均获得成功；等等。

1. 温室内栽培的转基因植物。
2. 使用基因枪，可进行植物转基因操作。
3. 抗虫基因导入棉花，获得了抗虫植株，对棉花大敌棉铃虫的抗虫效果明显。图中左为抗虫转基因棉花，虫体缩小，棉花伤口愈合。

能源科学的研究与开发

能源是国民经济的命脉。改革开放以来，我国能源工业迅速发展，能源结构也发生了很大变化。为了国家长远发展，除了加强油气田的稳产高产技术开发、煤炭综合开采和安全生产技术开发、煤炭清洁燃烧技术开发、水电使用的新坝型和筑坝技术开发，国家“863”计划选择了煤磁流体发电技术和先进的核反应堆技术进行攻坚，经过广大科研人员的努力，高温气冷堆和快中子反应堆取得重大突破。

∧ 快中子反应堆大大提高了核燃料的利用率，在发电的同时还可增殖核燃料，对充分利用核资源有重大意义。

大力开展国际科技合作

20 世纪中后期，国际形势的发展出现两个显著特点：一个是科学技术的突飞猛进，另一个是经济的全球化。在这种形势下，国际合作十分频繁，科技合作成为国际合作的重要内容，我国科学技术的发展过程也不可避免地参与到国际竞争中。我国国家科学研究机构以其强大的综合研究实力担负着大量重大、重点科技项目的研究，通过政府和民间的科技交流推动我国和世界科学技术的发展。

中德合资的上海大众汽车公司是中国汽车工业的支柱企业之一，从 1984 年 12 月投产到 20 世纪 90 年代初，累计生产轿车近 40 万辆。 >

∧ 中美双方合作开展卫星发射业务。图为发射前双方技术人员在一起合影留念。

1
2

1. 随着国际合作的不断开拓和发展，中国一些公司在海外的影响力正在日益扩大，寻找合作伙伴的外商纷至沓来。
2. 李四光的关于中国第四纪冰川研究，引起了中国以及世界地质学界的广泛关注。这是国外来访的客人与中国学者进行学术交流。

第 4 章

“科教兴国”的战略决策

1995年5月，党中央、国务院公布《关于加速科学技术进步的决定》（简称《决定》），提出了“科教兴国”的伟大战略。《决定》指出：科教兴国，是指全面落实“科学技术是第一生产力”的思想，坚持教育为本，把科技和教育摆在经济、社会发展的重要位置，增强国家的科技实力及向实现生产力转化的能力，提高全民族的科技文化素质，把经济建设转移到依靠科技进步和提高劳动者素质的轨道上来，加速实现国家的繁荣富强。

1997年，党的十五大召开，进一步确立了“科教兴国”和“可持续发展”的发展战略，提出了发展国民经济要实现两个根本转变，即经济增长方式由粗放型转为集约型，把国民经济建设转变到依靠科技进步和提高劳动者素质上来，明确把加速科技进步放在经济、社会发展的关键地位。

一、全面落实“科教兴国”战略
——《科技发展“九五”计划和到2010年长期规划纲要》的实施

1995年5月，江泽民同志在全国科学技术大会上的讲话中提出了实施“科教兴国”的战略，确立科技和教育是兴国的手段和基础的方针。这个方针大大提高了各级干部对科技和教育重要性的认识，增强了对科学技术是第一生产力的理解。实施“科教兴国”战略，既要充分发挥科技和教育在兴国中的作用，又要努力培植科技和教育这个兴国的基础。在当前，更要着重加强和扶持科技与教育，为国家的近期发展和长期稳定发展打好基础。提高生产者对经济增长的贡献率，尽快地建立起高科技企业；同时要加强提高国民素质，加强基础教育，注重人才的培养，重视创造性的科研工作。科技和教育具有双重的功能，既能为当前经济社会的发展提供各种手段，又为持续的、长远的发展提供必要的基础。今天科技和教育能够为经济和社会的发展提供知识、技术、人才，从而产生效益，也是对之前科技和教育投入的回报。

（一）出台的科学计划和相关工作

社会发展科技计划

社会发展科技计划旨在解决环境保护、资源合理开发和利用、减灾防灾、人口控制、人民健康等社会发展的领域的科技问题，为改善生态环境、提高人民生活质量和健康水平做出贡献，促进经济和社会的持续协调发展，是科技计划矩阵管理系统中的一个横向协调计划。

国家技术创新计划

< 1995年5月26—30日，全国科学技术大会在北京召开。图为开幕式会场。

国家技术创新计划，是国家科技计划的主体计划之一，是在财政、金融支持下，引导和吸收企业和社会力量（包括人才和资金），增强企业技术创新能力的国家计划。该计划包括技术开发、高技术产业化、技术中心建设等内容。

国家重点基础研究发展计划（“973”计划）

国家重点基础研究发展计划（“973”计划）于1998年正式实施，是由国家部署的在已有基础研究工作的基础上，围绕重点领域，瞄准科学前沿和重大科学问题，开展创新的基础研究计划，为解决21世纪初我国经济和社会发展中的重大问题提供有力的科学支撑，培养一批有高科学素质、有创新能力的人才，强化基地建设，提高科学水平，并以此带动我国基础研究乃至科学技术的全面发展。

科技型中小企业技术创新基金

科技型中小企业技术创新基金，是经国务院批准设立的非营利型引导性基金。该基金支持符合国家产业技术政策，有较高的创新水平和较强的市场竞争力，有较好的潜在经济效益和社会效益，有望成为新兴产业的技术成果。使用坚持科学评估、择优支持、公正透明、专款专用的原则，引入竞争机制，推行创新基金的项目评估和招标制度。

知识创新工程

知识创新工程是国家创新体制建设的重要组成部分，标志着我国科技体制改革进入了新的阶段和新的发展时期。首批中国科学院知识创新试点工作，按照高目标、高起点、高要求，统一规划、分步实施、重点突破、全面推进的工作思路逐步展开。

中央级科研院所科技基础性专项

1999年，中央级科研院所科技基础性专项开始实施，以中央级科研院所为实施主体，通过项目的实施带动科技基础性工作基地建设，促进科技基础性工作体系完善和发展，逐步建立和完善资源与成果的共享机制，保证社会共享的实现。

科研院所技术开发研究专项资金

1999年，从减拨的科学事业费中集中部分资金，建立了科研院所技术开发研究专项资金。主要用于支持中央级技术开发型科研机构（包括1999年以后转制的原中央级技术开发型科研机构）开发高新技术产品或工程技术为目标的应用开发研究工作。

科技兴贸行动计划

科技兴贸行动计划是2002年由外经贸部、科技部、经贸委、信息产业部、财政部、海关总署、税务局、质量监督检验局8家联合提出的。主要通过发挥政府政策的引导和服务功能，改进高新技术进出口政策环境；加快进出口商品结构的调整，推进我国高新技术产业国际化；推动我国具有自主知识产权的高新技术产品出口，增加出口产品中的技术密集型产品的比重；在发挥比较优势的基础上，创造新的竞争优势，最终实现我国对外贸易发展模式的战略转变。

∧ 加快对引进技术的消化吸收，严格按奔驰标准完成许可证车型图纸和工艺文件的中国化。这是技术人员精心总装北方－奔驰载重车。

国家大学科技园

国家大学科技园是以研究型大学或大学群为依托，将大学的人才、技术、信息、实验设备、图书资料等综合技术优势与科技优势结合起来，为技术创新和成果转化提供服务的机构。1999 年 9 月，科技部、教育部联合发布了《关于组织开展大学科技园建设试点的通知》，从此正式启动了国家大学科技园的试点工作，从国家层面上联合推进大学科技园建设。

科研院所社会公益研究专项

科研院所社会公益研究专项是 2000 年由科技部组织实施，重点支持若干社会公益研究基地建设，形成社会公益研究网络，为社会可持续发展和公益服务事业提供技术保障，促进社会公益研究可持续创新能力和水平的提高。

“房前一条路，屋后一片园”。长江两岸，是举世瞩目的三峡工程所在地，两岸移民新村的开发性规划也越来越好。图为已经初具规模的云阳县姚坪移民新村。

三峡移民科技开发专项

三峡移民科技开发专项于1996年开始启动，由国家科学技术委员会和国务院三峡工程移民委员会移民开发局（简称国务院三峡移民局）组织实施。其任务是：通过开发、推广和引进先进实用技术，解决库区经济发展和生态建设中的共性和关键技术，促进库区区域性支柱产业的发展，培育特色新兴产业，恢复和治理库区生态环境，推进三峡库区的信息化和现代化。

西部开发专项行动

为配合西部大开发战略的总体部署，科技部组织实施了西部开发专项行动。这一专项行动，坚持科学规划先行，重点突出，分步实施；以生态环境建设为中心，加强技术集成和示范推广，以点带面；注重西部地区资源优势与科技优势相结合，积极推动联合，强化科技能力和创新环境建设。该项行动主要通过国家科技攻关计划、基础性研究重大项目计划、“863”计划等国家重大科技计划来组织实施。

中国科协建立学术年会制度

1999年，中国科协五届四次全委会议决定，建立中国科协学术年会制度。中国科协学术年会，旨在实施科教兴国战略和可持续发展战略，在建立和完善国家创新体系的过程中，组织高层次、开放性、跨学科的学术交流活动。2006年，中国科协学术年会更名为中国科协年会，确立了“大科普、学科交叉、为举办地服务”的年会定位，实现了全面转型。年会每年举办一次，以公众、科技工作者、政府和企业为服务对象，努力

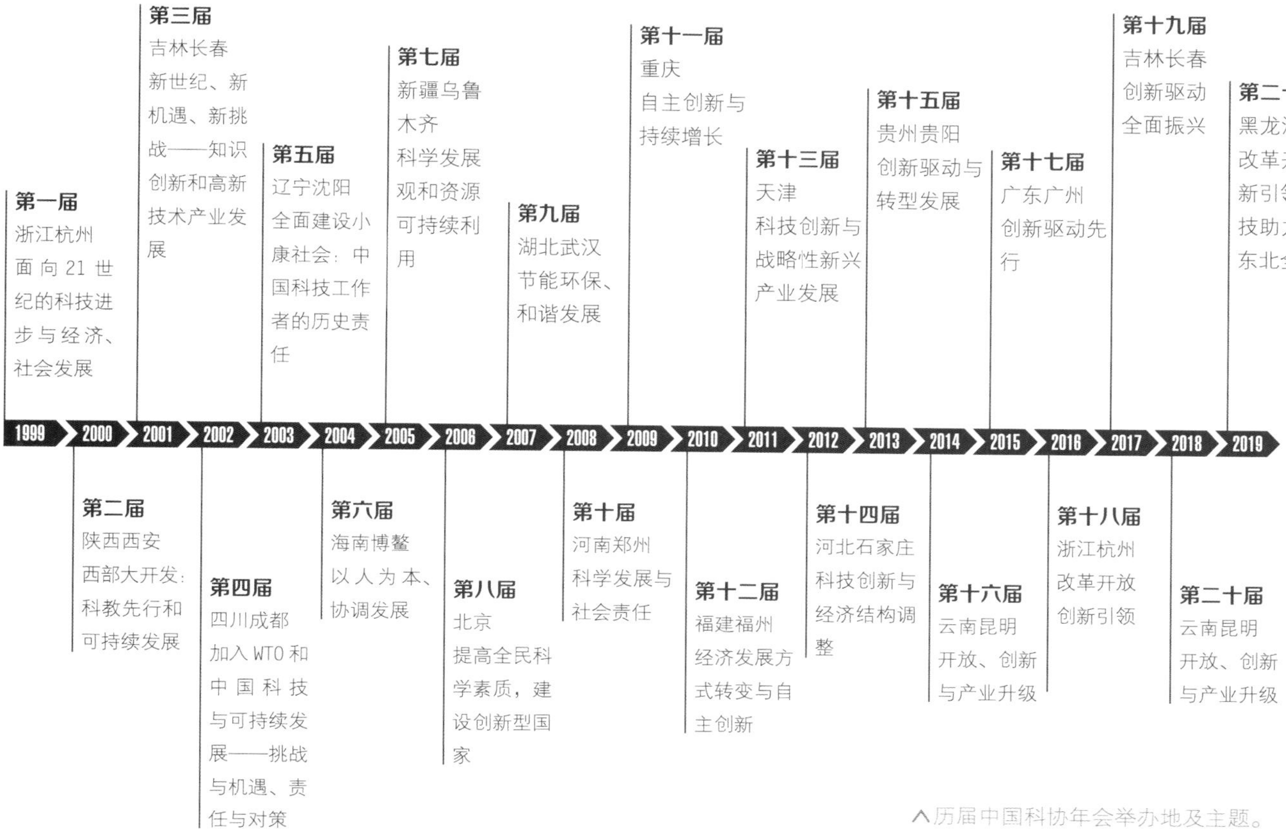

1999 第一届 浙江杭州 面向21世纪的科技进步与经济、社会发展

2000 第二届 陕西西安 西部大开发：科教先行和可持续发展

2001 第三届 吉林长春 新世纪、新机遇、新挑战——知识创新和高新技术产业发展

2002 第四届 四川成都 加入WTO和中国科技与可持续发展——挑战与机遇、责任与对策

2003 第五届 辽宁沈阳 全面建设小康社会：中国科技工作者的历史责任

2004 第六届 海南博鳌 以人为本、协调发展

2005 第七届 新疆乌鲁木齐 科学发展观和资源可持续利用

2006 第八届 北京 提高全民科学素质，建设创新型国家

2007 第九届 湖北武汉 节能环保、和谐发展

2008 第十届 河南郑州 科学发展与社会责任

2009 第十一届 重庆 自主创新与持续增长

2010 第十二届 福建福州 经济发展方式转变与自主创新

2011 第十三届 天津 科技创新与战略性新兴产业发展

2012 第十四届 河北石家庄 科技创新与经济结构调整

2013 第十五届 贵州贵阳 创新驱动与转型发展

2014 第十六届 云南昆明 开放、创新与产业升级

2015 第十七届 广东广州 创新驱动先行

2016 第十八届 浙江杭州 改革开放 创新引领

2017 第十九届 吉林长春 创新驱动 全面振兴

2018 第二十届 云南昆明 开放、创新与产业升级

2019 第二十一届 黑龙江哈尔滨 改革开放 创新引领——科技助力新时代东北全面振兴

∧历届中国科协年会举办地及主题。

搭建学术交流、科学普及、决策咨询三大平台，实现了科学家与公众，科学家与政府、企业以及科学家之间的交流互动，年会的知晓度不断扩大，科技界及社会各界对年会的认同感逐步增强。

（二）科技进步促进农业增产

在“科教兴国”战略指导下，“九五”期间，我国在以科技发展促进农业建设方面获得了丰硕成果，农业科技实力得到了较大的提高。有760项农业科技成果通过部级鉴定，获得国家级科技进步奖248项，获国家技术发明奖42项。

强化生物技术和常规技术相结合

培育出大量优质、高产、多抗农作物新品种，筛选出一批种质资源，整体育种水平得到提升。据统计，“九五”期间共育成水稻、小麦、玉米、棉花等18种主要农作物新品种411个，后补助品种276个，创优异育种材料719份。超级稻研究获得重大突破，试验田亩产近800千克；单双价转基因抗虫棉研究及应用达到国际先进水平；水稻、小麦、玉米、大豆、棉花五大作物大面积高产配套技术体系研究全面发展，为我国未来粮食安全提供了技术支撑和储备。

日光温室节能技术取得重大突破

以设施园艺为主的“工厂化农业”，从改进结构性能、筛选优良品种、增施有机肥和二氧化碳、病虫害综合防治等方面，集成日光温室节能栽培配套技术，促进了冬季设施蔬菜、果树和花卉生产。截至“九五”期末，全国园艺设施面积达 2250 万亩，设施蔬菜人均占有量占人均总量的 20%。

主要畜禽规模化养殖及主要畜禽疫病的诊断与监测方法取得丰硕成果

“九五”期间，我国主要畜禽规模化养殖获得专利、新兽药和畜禽新品种（系）共 19 个。其中新杨褐壳蛋鸡高产配套体系通过国家审定，育成了中国西门塔尔牛；首次建立起非洲猪瘟 PCR 和 ELIA 诊断方法，并形成试验盒生产能力；完成了中国禽流感流行株的分离和鉴定、禽流感重组核蛋白诊断抗原的研制及应用，建立了禽流感免疫酶诊断方法和技术。

ABT 植物调节剂

∧ 中国工程院院士、中国林业科学研究院研究员王涛（右）长期从事林木无性繁殖研究，发明了植物立体培育技术，并致力于 ABT 生根粉系列技术的研究与推广。

ABT 生根粉系列是中国林业科学研究院王涛院士研制的一种新型广谱高效植物生长调节剂，它突破了国内外单纯从外界提供植物生长发育所需外源激素的传统方式，通过强化、调控植物内源激素的含量、重要酶的活性、促进生物大分子的合成，诱导植物不定根或不定芽的形态建成，调节植物代谢作用强度，达到提高育苗造林成活率及作物产量、质量与抗性的目的。ABT 生根粉系列自 1989 年列入国家科技成果重点推广计划，应用范围不断拓展，从扦插育苗、播种育苗、苗木移栽、造林及飞播造林到农作物、蔬菜、果树、花卉、药用等特种经济植物应用，普遍提高苗木成活率，产生了明显增产效果。“ABT 生根粉系列的推广”1996 年荣获国家科技进步奖特等奖，1997 年又荣获何梁何利科学技术进步奖，并先后获得国内国际重大奖项 28 项。

（三）科技进步促进工业发展

在“科教兴国”战略指导下，“九五”期间，科技进步促进工业发展方面硕果累累：数字程控交换机、氧煤强化炼铁技术、镍氢电池、非晶材料等产业化获得重大成果；三峡工程、集成电路、秦山核电站二期等工程通过科技创新，攻克了关键技术，掌握了成套技术装备的设计和制造技术；计算机辅助设计（CAD）、计算机集成制造系统（CIMS）等重大共性技术推广，大幅提高了企业创新能力。

航空航天技术发展迅速

2000 年 12 月 21 日，我国自行研制的第二颗北斗导航试验卫星发射成功，它与 2000 年 10 月 31 日发射的第一颗北斗导航试验卫星一起构成了北斗导航系统。这标志着我国已拥有自主研制的第一代卫星导航定位系统。这个系统建成后，主要为公路交通、铁路运输、海上作业等领域提供导航服务，对我国国民经济建设起到积极的作用。

2001 年 1 月 10 日，我国自行研制的神舟二号在中国酒泉卫星发射中心升空，并成功进入预定轨道。1 月 16 日，神舟二号无人飞船准确返回并成功着陆。这是中国航天在新世纪的首次发射，也是我国载人航天工程的第二次飞行试验，它标志着我国向实现载人飞行迈出了重要的一步。

北京时间 2003 年 5 月 25 日 0 时 34 分，我国在西昌卫星发射中心用长征三号甲运载火箭，成功地将第三颗北斗一号导航定位卫星送入太空。图为西昌卫星发射中心指挥控制大厅。

∧ 神舟飞船于 1999 年 11 月 20 日凌晨 6 点在酒泉卫星发射中心航天发射场发射升空，承担发射任务的是在长征二号捆绑式火箭的基础上改进研制的长征二号 F 载人航天火箭。

2001年1月10日1时0分，我国自行研制的神舟二号无人飞船在酒泉卫星发射中心载人航天发射场发射升空。图为神舟二号飞船与长征二号F运载火箭对接后，在活动发射平台上垂直运往发射工位。（新华社记者王建民 摄）

氧煤强化炼铁技术

∧ 氧煤强化炼铁技术。

由鞍钢等15个单位承担的国家"八五"重点科技项目——高炉氧煤强化炼铁新工艺，经过5年的努力，全面按期完成，达到了预期目标。1995年8月21日—11月20日在鞍钢3号高炉进行了煤比为200千克/吨的氧煤强化炼铁工业试验。试验达到了预期目标，煤比平均达203千克/吨，富氧率3.42%，煤焦置换比0.8，实现了低富氧率条件下高煤比的强化冶炼。通过技术开发与攻关，在喷煤量指标、喷煤安全技术、喷煤工艺及装备水平、喷煤相关技术4个方面有所突破，氧煤强化炼铁应用理论的研究也有新的进展。我国高炉喷煤成套技术取得重大突破，高炉氧煤强化炼铁新工艺达到世界先进水平。

非晶材料研究取得突破性进展

材料是人类文明进步的重要标志，新材料是发展高新技术的基础和先导。新材料研究、开发与应用水平反映了国家整体科学技术和工业水平。因此，世界各国都把研究新

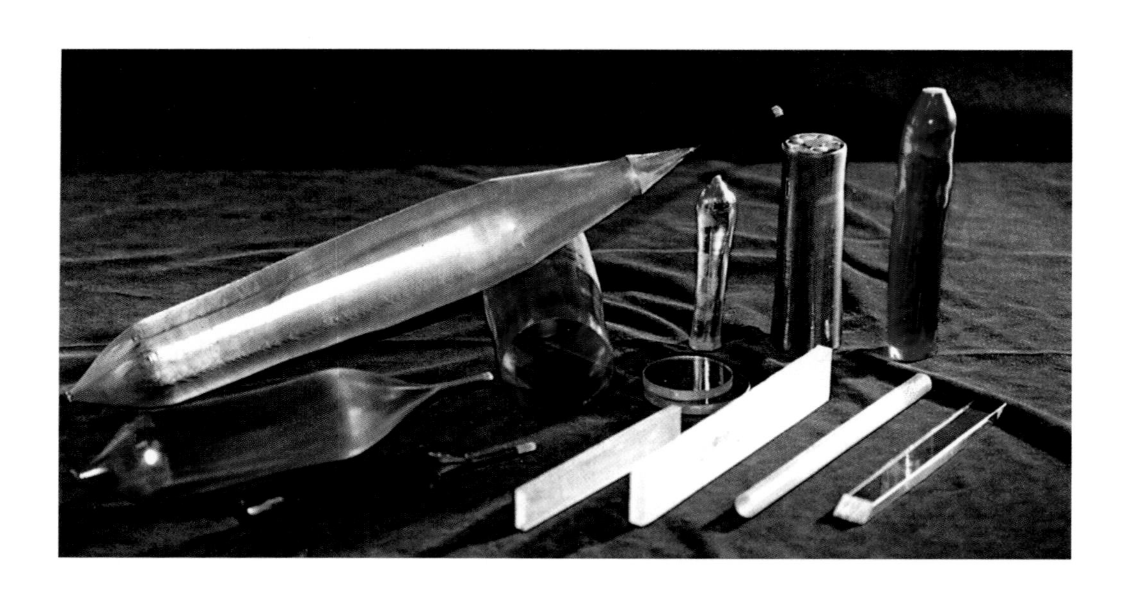

< 电子部11所研制成的各种YAG晶体。

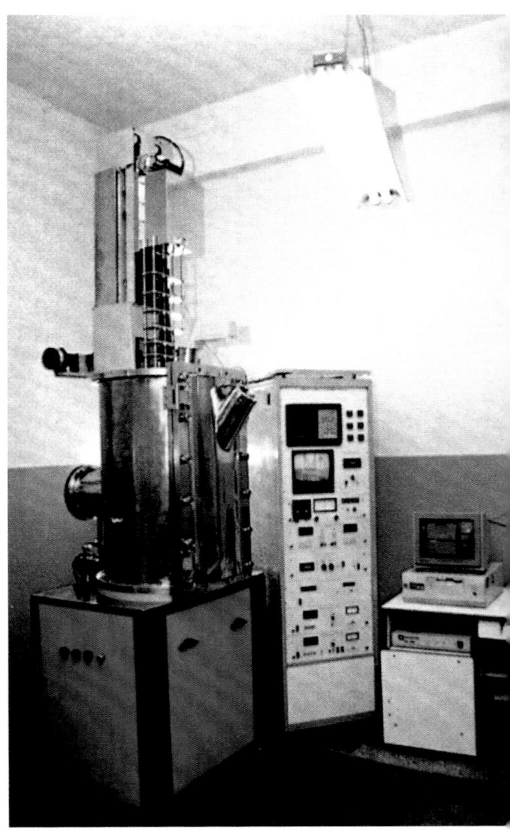

1 2

1. 电子部11所研制的我国最大的、用于生长优质大尺寸人工晶体的自动化单晶炉。
2. 清华大学研制的激光基座法晶纤生长炉，达到国际先进水平，拉制了多种单晶光纤。

材料放在突出的地位。非晶材料，也称非晶态材料，是将熔融态常规金属快速冷却凝固而生成的一种人造材料。我国研制出的具备特异磁感性能的非晶、纳米晶新材料，突破了连续稳定生产22微米超薄带状材料的关键技术，建成了年产500吨超薄带的生产线；开发出了对力、磁具有高灵敏度的非晶丝状材料，这些新型材料在家电、通信产品以及汽车安全方面拥有广泛的应用空间。

技术难题的攻克

围绕三峡电站建设，开展了三峡工程技术关键设备、高坝工程技术、碾压混凝土高坝筑坝技术以及三峡库区生态重建技术等研究，500千伏紧凑型输电线路关键技术及试验工程，为三峡输电和西电东送等工程建设提供了坚实的技术基础；研制开发成功400兆瓦蒸发冷却水轮发电机组应用于李家峡水电站建设，奠定了我国在该技术领域的世界领先地位；“高速铁路关键技术开发”“高速铁路工程建设前期研究”和“200千米/小时电动列车组”等项目的实施，为铁路全线提速和高速安全运行提供了技术和装备；大型化蒸汽裂解制乙烯技术开发取得重大突破，成功开发了具有自主知识产权和国际先进水平的6万吨/年乙烯裂解炉和相关技术，为我国“十五”大型化乙烯工程建设提供了技术保障。

全国 CAD/CIMS 应用工程效益显著

计算机辅助设计（CAD）与计算机集成制造系统（CIMS）应用工程，是经国务院批准，国家科技部在“八五”“九五”期间重点推广和实施的两项大工程。CAD/CIMS 应用工作面向国民经济主战场，用信息技术、现代管理技术改造制造业，提高了企业竞争能力。“九五”期间，CAD/CIMS 应用、普及取得巨大进展，其研究开发攻克了一系列重大的关键技术，建立起一批高水平的研究开发和培训基地，在总体技术、并行工程、集成框架平台系统等重大关键技术方面达到了国际先进水平。

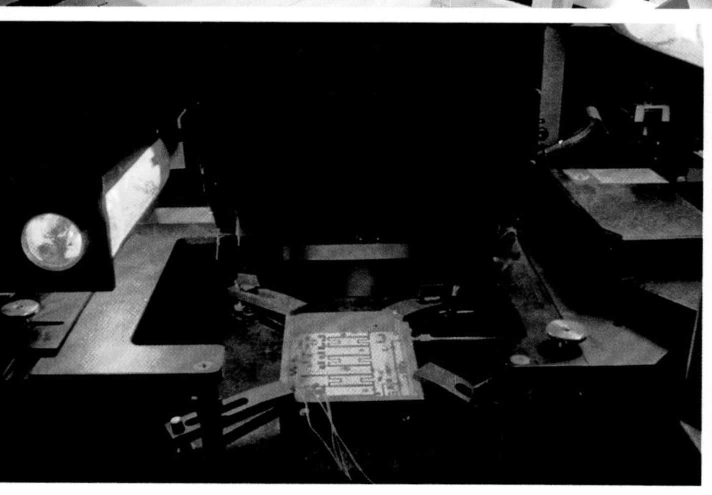

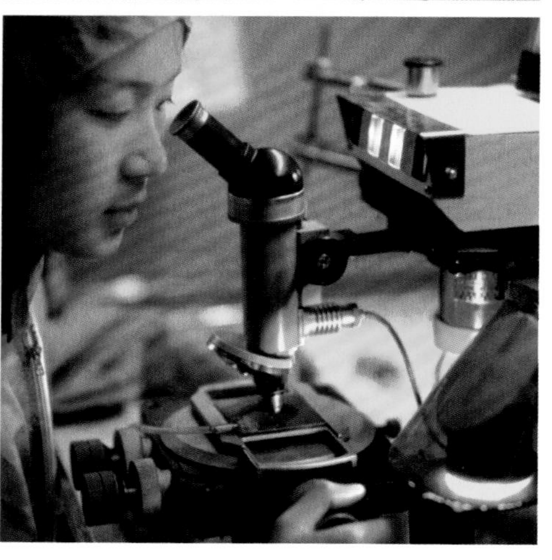

1. BGP 软件研发中心。
2. 电子部 14 所微组装中试线的网络分析仪一计算机一激光自动调修系统，可用于自动测试修调收/发组件等混合集成电路。
3. 在集成电路的大生产试验中，我国采用了自己发明的光刻和抛光新工艺，简化了工艺过程。图为集成电路的光刻曝光系统。

1. 北京第一机床厂柔性制造系统车间。
2. 国家 CIMS 实验室。

∧ 神威计算机。(新华社记者　摄)

神威计算机研制成功

金怡濂主持研制了系列巨型计算机，为我国在世界高性能计算机领域中占有一席之地做出了重要贡献。2000 年 7 月，我国高性能计算机开发应用取得重大突破，江泽民为高性能计算机系统题名为“神威”，我国成为继美国、日本之后世界上第三个具备研制高性能计算机能力的国家。国家气象中心利用神威计算机精确地完成了极为复杂的中尺度数值天气预报，在中华人民共和国成立 50 周年和澳门回归等重大活动的气象保障中发挥了关键作用；中国科学院上海药物研究所用神威计算机作为通用的药物研究平台，大大缩短了新药的研制周期；中国科学院大气物理研究所用神威计算机进行新一代高分辨率全球大气模式动力框架的并行计算，取得了令人鼓舞的结果。神威计算机为气象气候、石油物探、生命科学、航空航天、材料工程、环境科学和基础科学等领域提供了不可缺少的高端计算工具，取得了显著效益，为我国经济建设和科学研究发挥了重要的作用。

开发智能化机器人

研究和开发智能化机器人，不仅可创造巨大的经济效益，而且还创造了新型工业和新的就业机会。根据未来发展的需要，我国已建成完整的智能机器人研究体系，开发出大批工业机器人。2000 年 11 月 30 日，我国独立研制的第一台具有人类外观特征、可以模拟人行走与基本操作功能的类人型机器人，在长沙国防科技大学首次亮相。这台类人型机器人身高 1.4 米，体重 20 千克，具备一定的语言功能，其行走频率为每秒 2 步，

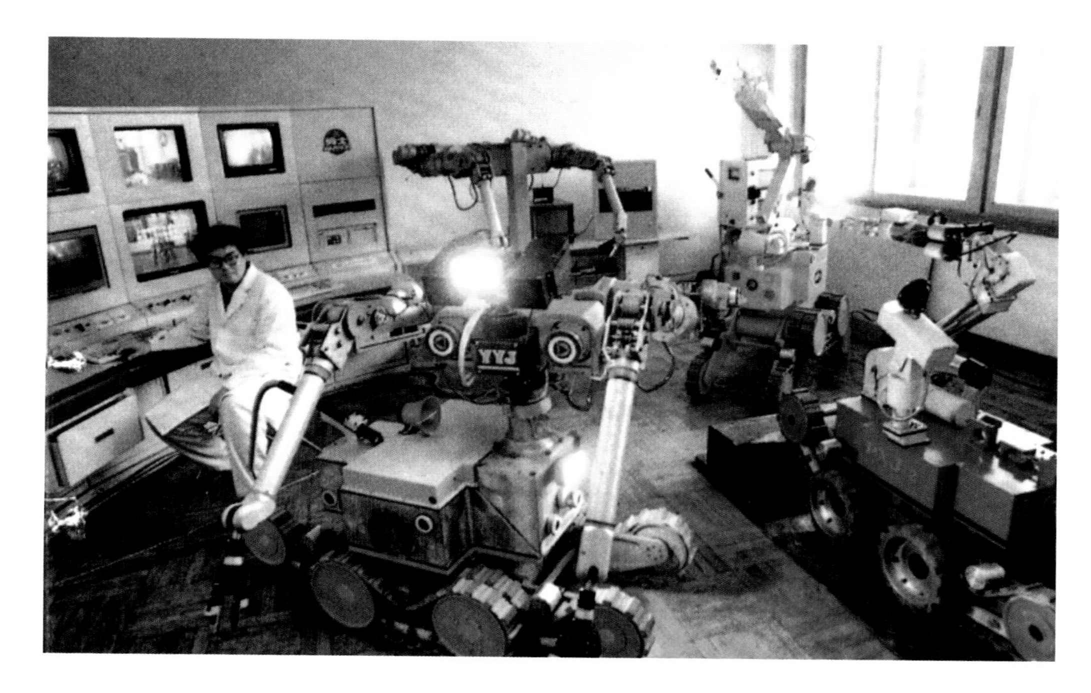

由中国科学院沈阳自动化研究所研究的遥控作业移动机器人，可用于核工业等有害环境，替代人工完成检查、搬运、设备维修和拆装等作业。

动态自如，并可在小偏差、不确定环境中行走。在机械结构、控制系统结构、协调运动规划和控制方法等关键技术方面取得了一系列突破。

世界第一例体细胞克隆山羊

克隆山羊是张涌教授主持的国家自然科学基金重点项目和农业部重点项目。1999年岁末，他成功地从一只山东小青羊耳朵后面取下的两粒细胞，在体外培养几日后抽出细胞核，又从屠宰场取来一只刚宰杀的山羊的卵母细胞，立即去核，把体细胞核注入这个卵母细胞中，培育成克隆胚胎，分别移入两只白色母羊的子宫里。2000年6月16日中午12时59分，一只白母山羊产下一只克隆山羊。由于是世界第一例体细胞克隆山羊，它被取名为“元元”，意即“第一”。不料，36小时之后，元元因为肺部发育不全和天气太热等原因死亡。一周后的6月22日20时，“元元”的妹妹，与之长得一模一样的另一只体细胞克隆山羊“阳阳”降生。这标志着我国动物体细胞克隆技术已跻身于世界先进行列，对我国体细胞克隆技术的发展与完善产生了重大影响。

体细胞克隆山羊。

（四）为促进社会可持续发展奠定了坚实的科技基础

夏商周断代工程取得成果

夏商周断代工程是一项史无前例的文化工程。该工程作为“九五”国家重点科技攻关项目，于 1996 年 5 月 16 日正式启动，到 2000 年 9 月 15 日通过国家验收。该工程将自然科学与人文社会科学相结合，是我国有史以来规模最大的一次多学科交叉联合攻关的系统工程。在工程实施过程中，来自历史学、考古学、天文学、科技测年学等多种学科的 200 多位专家学者，在李学勤、李伯谦、席泽宗、仇士华 4 位首席科学家的带领下，团结协作，攻克难关，取得了具有创新意义的研究成果，先后完成了 9 个课题、44 个专题的研究。夏商周断代工程使中华文明发展的重要时期夏商周三代有了年代学标尺，理清了先秦历史的起承转合和发展脉络，填补了我国古代纪年的一段空白，制定了迄今为止最有科学依据的夏商周年代表，为继续探索中华文明的起源打下了基础。同时，该工程的顺利完成也开启了 21 世纪交叉学科共同研究的范式。

郑州商城为商代早期都城遗址，其面积约 13 平方千米。图为郑州商城北大街宫殿遗址发掘现场。

面向 21 世纪康居住宅

国家从 20 世纪 80 年代开始实施住宅小区示范工程，80 年代强调提高单体住宅的配套功能；90 年代初提出住宅小区综合配套建设；90 年代末推出了国家康居示范工程。1999 年建设部下发了《国家康居示范工程实施大纲》并正式实施国家康居示范工程。国家康居示范工程是以推进住宅产业现代化为目标，旨在带动住宅建设新工艺、新材料、新设备、新技术的应用，提升住宅设计、施工档次，提高居住生活质量，达到健康居住的效果。它包含：以科技为先导、以推进住宅产业现代化为总体目标、以加速对传统住宅产业的改造更新，充分体现新世纪的住宅设计水平，充分体现“以人为本，回归自然”为设计原则，达到“健康住宅”（世界卫生组织定义）的标准，体现建筑材料的科技含量，充分应用“绿色建材”，领导中国住宅产业的发展方向。

∧ 国家康居工程是继安居工程、小康住宅、城市住宅示范小区之后，建设部推出的以推进我国住宅产业现代化、提高住宅产品质量为先决的为民工程。

党的十一届三中全会以后，江苏省江阴市区东的华西村发生了翻天覆地的惊人巨变，成为名扬中外的“中国第一村”。 >

二、全面落实“创新和产业化”方针
——《“十五”科技发展规划》的实施

2001年5月18日，国家计划委员会和科学技术部联合发布了《国民经济和社会发展第十个五年计划科技教育发展专项规划（科技发展规划）》（简称《“十五”科技发展规划》）。该规划在“面向、依靠、攀高峰”的基础上，提出了“有所为、有所不为，总体跟进、重点突破，发展高科技、实现产业化，提高科技持续创新能力、实现技术跨越式发展”的指导方针，简称“创新和产业化”方针。按照这一方针，针对当时国民经济发展的紧迫需求和国家中、长期发展的战略需求，在“促进产业技术升级”和“提高科技持续创新能力”两个层面进行战略部署。

（一）出台的国家科学计划和相关工作

国际科技合作重点项目计划

新中国成立以来，我国与世界上大多数国家进行了广泛的科技合作与交流，取得了丰硕成果。特别是20世纪50年代与苏联、改革开放后与西方国家的科技合作，在我国对外科技合作发展史上占有突出地位。20世纪90年代以后，全球科技合作出现了一些新的特点和趋势，针对国内外形势，我国制定了相应的国际合作的方针和近期目标。该计划的实施，使我国国际科技合作项目得以在高水平、高层次上展开，以互利的形式分享国际重大合作项目的成果。

农业科技成果转化资金

2001年，经国务院批准设立“农业科技成果转化资金”，是通过吸引企业、科技开发机构和金融机构等渠道的资金投入，支持农业科技成果进入生产的前期开发，逐步建立适应社会主义市场经济、符合农业发展规律、有效支撑农业科技成果向实现生产力转化的新型农业科技投入保障体系。

国家农业科技园区

国家农业科技园区是以市场为导向、科技为支撑的农业发展的新型模式，是农业技术组装的集成载体，是市场与农业连接的纽带，是农业现代科技的辐射资源，是人才培养和技术培训的基地，对周边的农业产业升级和农村经济发展具有示范与带动作用。科技部于2001年开始了国家农业科技园区的试点工作。

奥运科技（2008）行动计划

该计划旨在将2008年北京奥运会办成一届科技含量最高的体育盛会。以科技助奥为契机，提高我国科技创新能力和科技服务于经济、社会发展的水平，促进我国高科技跨越式发展。同时，使北京奥运会成为向世界展示中国高新技术创新的窗口和平台。

（二）集中资源、抢占制高点，实现跨越式发展

为贯彻国家科教兴国战略和人才强国战略，主动应对我国加入WTO后面临的人才、专利、技术标准竞争的机遇和挑战，2001年12月，科技部经国家科教领导小组第十次会议批准，组织实施了“十五”人才、专利、技术三大战略，并启动实施了12个重大科技专项。通过组织实施重大科技专项，推动攻克一些具有长远性、根本性和全局性的战略性科技问题，促进高新技术企业发展，这是“十五”科技工作中的重中之重，是贯彻“三个代表”重要思想的具体行动，也是新时期科技工作与时俱进的客观需要。

增强科技创新能力，实现跨越式发展

在“十五”科技规划中，国家从战略高度出发，加大了对生命科学、纳米科学、信息科学、地球科学等前沿领域的支持，取得一批重要成果。我国的原始创新能力显著增强，如植物基因测序的突破、中国大陆科钻1井顺利完成先导钻孔任务、曙光4000A高性能计算机进入世界前列、克隆和鉴定人类生物功能与疾病相关的新基因1500个等生物基因研究处于世界领先水平。另外，国家高新技术开发区实现超常规发展，成为我国重要的技术创新基地；正在运行的国家重点实验室，覆盖了我国基础研究和应用基础研究的大部分学科领域。

（1）曙光4000A高性能计算机

中国科学院计算所开发的曙光4000A高性能计算机的计算能力突破了每秒10万亿次，在2004年6月美国能源部劳伦斯伯克利国家实验室全球500强超级计算机评选中排名第十。中国成为继美国、日本之后世界上第三个能制造、应用10万亿次商品化高性能计算机的国家，但曙光4000A采用的CPU产自美国AMD公司。

（2）完成10%的国际人类基因组单体型图计划任务

“国际人类基因组‘单体型图’计划”是继“国际人类基因组计划”之后，人类基

1 2

1．曙光 4000A 高性能计算机研制成功，标志着我国大规模并行机的关键技术跨入一个新的阶段。

2．图中左二为曙光 4000A 高性能计算机总设计师、中国工程院院士李国杰。

因组研究领域的又一重大研究计划，将为不同群体的遗传多态性研究、疾病和遗传关联分析、治病基因和治病因子的确定、药效及副作用和疾病风险的分析、人类起源进化迁徙历史的研究等提供完整的人类基因组信息和有效的研究工具。将为人类常见疾病的研究提供最强大、最经济的工具。该计划于 2002 年 10 月启动，完成了整个国际人类单体型图的 10%（3 号、21 号和 8 号染色体单体型图的绘制），数据质量世界第一。

农业科技促进了农业增长方式的转变和综合生产能力的提高

针对“三农”问题的新趋势和特点，《“十五”科技发展规划》紧紧抓住粮食增产和农民增收两个突出问题，重点开展了农业生物基因组学与农产品品质改良、农业病虫害的可持续控制、生态环境的改善和农业生物资源的高效利用等基础研究。有效的农业成果转化、示范和应用带动了农业结构的调整和升级，引进和孵化了大批科技型龙头企业，促进了农业劳动力的转移和农民增收。

（1）农产品品质改良

贯彻《纲要》提出的农业科技工作的基本方针，全面启动“十五”农业科技教育发展计划，加快传统技术和高新技术的结合，加快农作物品种品质改良；加快养殖业品种改良及规模化养殖；大力加强农产品加工领域的技术创新；加强农业应用基础研究和高新技术研究；加强农业科技的国际合作与交流。

山东诸城市农业科技推广中心，拥有众多的精密仪器设备，多年来积累了众多的农作物品种和病虫害资料档案。

（2）农业病虫害的可持续控制

国家“十五”科技攻关计划专题“华南稻区水稻重大病虫害可持续控制技术研究”取得了有关田间试验和示范的部分进展。通过田间抗性品种评价试验，评价出可供可持续控制技术组装应用的新品种，如齐粒丝苗、丰丝占、粤秀占等；开展高效低毒药剂筛选和防治技术研究，研制的58%稻虫杀净列入台山珍香绿色稻米（农业部认证）专用杀虫剂，可替代高毒药剂甲胺磷；开展了褐稻虱对吡虫啉和扑虱灵抗药性的初步检测：研究了不同抛秧栽培密度和不同施肥模式与病虫害发生的关系，以形成适应优质＋低氮肥＋湿润灌溉＋放宽防治指标生产性配套技术措施控制病虫害的相关技术，为华南水稻重大病虫害可持续控制技术研究提供依据；在水稻重大病虫害可持续控制关键技术研究的基础上，提出以抗病虫优质丰产品种、控害丰产栽培和合理用药为关键措施的可持续控制技术。

品种资源研究所种质资源库设备齐全，技术先进，跨入世界先进水平。

（3）农业生物资源的保护和利用

“十五”期间农业生物资源与环境调控的发展趋势，推动各单位产、学、研在“十五”规划指导下的合作与协作，加速生物环保产业的进程，提升整体技术水平，为农业可持续发展及无公害、绿色食品生产做出贡献。

产业关键共性技术研究的突破，推动了产业结构的调整和升级

“十五”科技规划，推动了我国很快拥有较好的行业共性技术和关键技术的开发基础，攻克了一批产业关键共性技术，为推动产业结构调整和技术升级提供了有效的支撑。实施重大工程，带动了一批大型企业集团自主创新能力的显著提高，如三峡工程建设、青藏铁路建设、西气东输、西电东送等。通过实施制造业信息化工程专项，掌握了一批制造业信息化关键技术。

（1）三峡工程

1992 年 4 月 3 日，第七届全国人大第五次会议审议并通过《关于兴建长江三峡工程的决议》。三峡工程位于西陵峡中的湖北宜昌三斗坪，下游距离葛洲坝水利枢纽约 40 千米，控制流域面积 100 万平方千米，多年平均年径流量 4510 亿立方米，具有防洪、发电、航运等综合效益。三峡采用分期导流方式，一期工程以 1997 年 11 月 8 日实现大江截流为标志；二期工程以实现水库初期蓄水、第一批机组发电和永久船闸通航为标志；三期工程实现全部机组发电和枢纽工程完善。三峡工程总投资 2000 余亿元人民币，淹没耕地 43.13 万亩，最终移民 131.03 万人。工程竣工后，水库正常蓄水位 175 米，防洪库容 221.5 亿立方米，总库容达 393 亿立方米，是当今世界上最大的水利枢纽工程。

三峡工程的开发，为经济发达、能源不足的华中、华东地区提供可靠、廉价的电能，将大大改善长江中下游的航运条件。另外，有利于促进水库渔业、旅游业的发展，有利于南水北调工程的实施。

∧ 经过前后十多个春秋的艰苦奋战，三峡大坝于2006年5月20日全线建成。图为三峡双线五级连续船闸。

（2）西气东输工程

我国西部地区的塔里木、柴达木、陕甘宁和四川盆地蕴藏着 26 万亿立方米的天然气资源，约占全国陆上天然气资源的 87%。特别是新疆塔里木盆地，天然气资源量有 8 万多亿立方米，占全国天然气资源总量的 22%。塔里木盆地天然气的发现，使我国成为继俄罗斯、卡塔尔、沙特阿拉伯等国之后的天然气大国。2000 年 2 月，国务院第一次会议批准启动西气东输工程，这是仅次于三峡工程的又一重大投资项目，是拉开西部大开发序幕的标志性建设工程。规划中的西气东输工程，供气范围覆盖中原、华东、长江三角洲地区。西起新疆塔里木轮南油气田，向东经过库尔勒、吐鲁番、哈密、酒泉、张掖、武威、兰州、定西、西安、洛阳、信阳、合肥、南京、常州等城市，终点为上海。东西横贯新疆、甘肃、宁夏、陕西、山西、河南、安徽、江苏、上海 9 个省（市、区）。实施西气东输工程，有利于促进我国能源结构和产业结构的调整，带动东、西部地区经济共同发展，改善长江三角洲及管道沿线地区人民生活质量，有效治理大气污染。这一项目

∨ 亚洲最大的天然气处理厂主体完工。（新华社记者 朱书 摄）

2004年1月9日下午，苏州天然气调压计量站点试气成功。（新华社记者王建中 摄）

的实施，为西部大开发、将西部地区的资源优势变为经济优势创造了条件，对推动和加快新疆及西部地区的经济发展具有重大的战略意义。

（3）西电东送工程

我国的能源资源分布不均不仅天然气主要分布在中西部，石油、煤炭和水能等也多在中西部，东部地区原有一些煤矿和油田，经过多年开采，后备资源大多显得不足，能源紧缺已成为一个突出的问题。为了缓解能源紧缺的矛盾，除西气东输工程外，西电东送也是一项重要举措，而且安全、可靠、清洁、便宜。因此，“十五”计划将西电东送工程作为西部大开发的重点建设项目之一，它也是西部大开发的标志性工程。西电东送工程由南、中、北三大通道构成，南通道是指开发西南地区水电和云南、贵州的火电，向广东送电；中通道是指以三峡电力送出为龙头，将输电网络向西延伸至长江上游地区，实现川渝和华中地区共同向华东、广东送电；北通道是指在山西北部、内蒙古西部向京津唐地区送电的基础上，逐步实现黄河上游水电和“三西”地区火电向华北、山东送电。2000年，贵州、云南的第一批西电东送电力项目开工建设，标志着我国西电东送工程的全面启动。“十五”期间，第二批西电东送项目开工建设。随着三峡水电站机组陆续投产，中通道新增向华东送电420万千瓦和广东送电300万千瓦，建成了三峡至华东及川电东送等输电工程，实现了川渝电网与华中电网交流联网。北通道新增向京津唐和河北南网送电500万千瓦。西电东送对我国电力结构的改善意义深远，直接带

< 西电东送作为西部大开发的骨干工程，开发贵州、四川、内蒙古等西部省区的电力资源，将其输送到电力紧缺的广东、上海和京津唐地区。

动了西部地区电力发展，对全国电力结构调整和布局优化具有重要意义。

重大科技问题超前部署

“十五”科技规划，对我国不同层次的能源、资源研究与发展进行了超前部署，并取得了一定成效。如10兆瓦高温气冷实验堆完成了72小时满功率发电运行，随着洁净煤技术、水煤浆气化等技术突破和产业化，节能水平大幅提升；重大灾害形成机理、减灾重大工程等重大科学研究，为生态研究建设规划和防灾减灾提供强大技术支持；攻克了一批保证人民群众健康和社会稳定发展的关键技术和标准，如人用禽流感疫苗完成临床研究，标志着我国在这一领域取得重大突破；食品安全专项抓住“把关、溯源、设限、布控”四道防线，开展食品安全标准和控制技术、关键检测等研究，建立了我国第一个覆盖13个省、市的食品污染监测网络。

（1）人用禽流感疫苗

“人用禽流感疫苗的研制”作为我国“十五”科技攻关项目，Ⅱ期临床试验于2007年9—11月正式实施，共有402名年龄范围在18~60岁的受试者参加了本次试验。结果显示，用于临床试验的3个抗原剂量的疫苗均可诱发人体产生一定程度的抗体，其中10微克和15微克疫苗的保护性抗体阳性率、抗体阳转率和抗体几何平均滴度

1　2

1. 科研人员在观察研制成功的人用禽流感疫苗。（新华社记者　摄）
2. 图为采用全数字化控制和保护系统的高温气冷堆控制室。

（GMT）增高倍数 3 项指标均达到国际公认的疫苗评价标准，显示疫苗对人体有很好的免疫原性。从受试者的局部和全身不良反应观察结果看，均未出现严重不良反应，表明疫苗具有良好的安全性。2009 年完成临床试验，获得生产批件。

（2）10 兆瓦高温气冷实验堆

清华大学建成的 10 兆瓦高温气冷实验堆（HTR10）是世界首座模块式球床高温气冷堆，是国家“863”计划能源领域 2000 年发展战略目标中的重大项目之一。高温气冷堆具有固有安全特性，温度高、用途广，是一种具有第四代核电主要技术特征的先进核能技术。高温气冷堆可以作为大型压水堆核电站的补充，共同满足国家积极发展核电的战略需求。这种球床型高温气冷堆以氦气做冷却剂、石墨做慢化剂和结构材料，可经受的高温范围为 700 ~ 1000℃，利用高温气冷堆出口温度高的特点，提供高温工艺热，满足石油热采、炼钢、化学工业、煤的气化液化等方面的对高温工艺热的需求。大规模制氢可替代进口液体燃料，是核能利用的新领域，也是国际上开发先进核能技术尤其是高温气冷堆的主要目的之一。

（3）大天区面积多目标光纤光谱天文望远镜

国家天文台大天区面积多目标光纤光谱天文望远镜（LAMOST），是我国自主创新的大型光学望远镜，是一架横卧南北方向的中星仪式反射施密特望远镜。应用主动光

∧ 2009 年 6 月 4 日，中国科学院国家天文台兴隆观测基地的大天区面积多目标光纤光谱天文望远镜通过国家验收。

学技术控制反射改正板，使它成为大口径兼大视场光学望远镜的世界之最。这架耗资 2.35 亿元的超级望远镜，口径达 4 米，在曝光 1.5 小时内可以观测到暗达 20.5 级的天体。由于它视场达 5 度，在焦面上可放置 4000 根光纤，将遥远天体的光分别传输到多台光谱仪中，同时获得它们的光谱，成为世界上光谱获取率最高的望远镜。该望远镜安放在国家天文台兴隆观测站，成为我国在大规模光学光谱观测中，在大视场天文学研究上，居于国际领先地位的大科学装置。LAMOST 工程分为七个子系统：光学系统、主动光学和支撑系统、机架和跟踪装置、望远镜控制系统、焦面仪器、圆顶、数据处理和计算机集成。该望远镜项目于 2001 年开工，于 2008 年落成。

（4）高速磁悬浮交通技术研究

中国早在 20 世纪 70 年代开始进行磁悬浮交通技术的应用研究。2005 年 9 月 29 日，备受各界关注的国家“863”计划高新技术项目——CM1“海豚”高速磁悬浮车辆组件在成飞公司正式开铆生产。“高速磁悬浮交通技术”是国家科技支撑计划交通运输领域的重大项目之一，其主要内容包括：研究开发时速 500 千米高速磁悬浮车辆、悬浮导向控制技术、牵引控制技术、运行控制技术和系统集成技术等全套技术、设备和部件，建立

由西南交通大学研制的中国首条磁悬浮列车实验线，全长43米，运行时列车可悬浮于导轨8毫米左右，时速30千米。它的建成将有利于中国进一步加强超导技术和磁悬浮列车的研究。

高速磁悬浮交通系统规划、设计技术和标准体系，建设一条30千米高速磁悬浮列车中试线，完成具有自主知识产权的定型化工业试验。

（5）神舟五号载人飞船发射成功

探索太空，遨游宇宙，是中华民族的千年梦想。2003年10月15日，神舟五号载人飞船发射成功。作为中国首位访问太空的航天员，在太空中围绕地球飞行14圈后，杨利伟安全返回地球。神舟五号飞船顺利返回，标志我国成为继美国、苏联后，第三个完成载人飞船航天飞行的国家。

神舟五号载人飞船发射成功。图为杨利伟准备出征。

^ 2002 年 8 月 20—28 日，第 24 届国际数学家大会在北京召开。

（三）积极开展高层次国际交流活动

2002 年国际数学家大会

2002 年 8 月 20 日，第 24 届国际数学家大会在北京人民大会堂隆重开幕，国家主席江泽民出席开幕式。国际数学家大会已有百余年历史，为当今最高水平的全球性数学科学学术会议。其首届大会 1897 年在瑞士苏黎世举行，1900 年巴黎大会后每四年举行一次，除两次世界大战期间，从未中断。本届大会为该会历史上首次在发展中国家举办，是进入 21 世纪的第一次国际数学家大会，也是有史以来规模最大的国际数学家大会。共有来自 104 个国家和地区的 4157 位数学家出席了会议，其中我国内地数学家 1965 名。大会共邀请了 20 位数学家作大会报告，充分体现了不同数学领域的相互渗透与联系以及数学与其他科学更加深入的交叉。除大会报告外，大会针对公众和青少年等群体组织了一系列的论坛和活动，如 3 个公众报告、46 个卫星会议、“走进美妙的数学花园”少年数学论坛等。如此众多的全球顶尖数学家聚集北京，给我国广大数学工作者创造了一个极好的学习机会和与国际大师交流讨论的机会，同时也为我国数学工作者向国际同行展示自己工作提供了一个很好的平台。这次大会以及相关活动对推广和普及数学、提高社会对数学的重视程度、促进我国数学在各行各业的应

^ 2005 年 10 月，第 28 次国际科联大会在苏州召开。

用、加强我国数学工作者与国际同行的学术交流、推动全球数学进入崭新的时代，都具有重大意义和深远影响。

第 28 次国际科联大会

2005 年 10 月 18—22 日，第 28 次国际科联大会在苏州召开。国际科联是科学界最具权威的非政府性国际组织，成立于 1931 年，被称为“科学界的联合国”。它集中了自然科学各个主要领域的代表，其学术活动基本可以代表当今世界科学发展的水平和动向。第 28 次国际科联大会会聚了 64 个国家和地区的 270 多名世界一流科学家（包括数名诺贝尔奖获得者），以及参加配套活动的国内 10 多名院士和 300 多名专家学者，总计近 600 名中外科学家出席。开幕式由国际科联主席卢布琴科主持。国务委员陈至立代表中国政府出席开幕式并讲话。全国人大常委会副委员长、中国科学院院长路甬祥，中国科协主席周光召，中国科协党组书记邓楠，科技部党组成员吴忠泽，中国科学院副院长陈竺，国际科联中国委员会主席孙鸿烈，中国科协副主席胡启恒、韦钰，中国科协书记处书记冯长根、程东红等出席会议。作为本次大会的东道国，我国派出了周光召、路甬祥、孙鸿烈、胡启恒、韦钰等 20 位国内著名科学家组成的代表团出席了大会。第 28 次国际科联大会是一次令人难忘的国际科学盛会。

第 5 章
建设创新型国家

2006年1月9日，党中央、国务院召开全国科学技术大会，作出了建设创新型国家的重大战略决策。建设创新型国家，核心就是把增强自主创新能力作为发展科学技术的战略基点，走出中国特色自主创新道路，推动科学技术的跨越式发展；就是把增强自主创新能力作为调整产业结构、转变增长方式的中心环节，建设资源节约型、环境友好型社会，推动国民经济又快又好发展；就是把增强自主创新能力作为国家战略，贯穿到现代化建设各个方面，激发全民族创新精神，培养高水平创新人才，形成有利于自主创新的体制机制，大力推进理论创新、制度创新、科技创新，不断巩固和发展中国特色社会主义伟大事业。

一、自主创新　重点跨越　支撑发展　引领未来
——《国家中长期科学和技术发展规划纲要（2006—2020）》的实施

2006年2月9日，国务院颁布了《国家中长期科学和技术发展规划纲要（2006—2020）》（以下简称《规划纲要》）。制定国家中长期科技发展规划，是党的十六大提出的一项重大任务，是建设创新型国家的重要举措。《规划纲要》指出，今后15年，科技工作的指导方针是：自主创新，重点跨越，支撑发展，引领未来。自主创新，就是从增强国家创新能力出发，加强原始创新、集成创新和引进消化吸收再创新。重点跨越，就是坚持有所为、有所不为，选择具有一定基础和优势、关系国计民生和国家安全的关键领域，集中力量、重点突破，实现跨越式发展。支撑发展，就是从现实的紧迫需求出发，着力突破重大关键、共性技术，支撑经济社会的持续协调发展。引领未来，就是着眼长远，超前部署前沿技术和基础研究，创造新的市场需求，培育新兴产业，引领未来经济社会的发展。

（一）建立科技创新体系

加快科技发展进程

进入21世纪，经济全球化进程明显加快，世界新科技革命发展的势头更加迅猛，一系列新的重大科学发现和技术发明，正在以更快的速度转化为现实生产力，深刻改变着经济社会的面貌。科学技术推动经济发展、促进社会进步和维护国家安全的主导作用更加凸显，以科技创新为基础的国际竞争更加激烈。世界主要国家都把科技创新作为重要的国家战略，把科技投入作为战略性投入，把发展战略技术及产业作为实现跨越的重要突破口。从长远考虑，中国必须有一个立足于全民族的国家科技创新体系，这个体系应超越各部门各单位，应该在很大程度上将国防科技创新包括进去，这就是说，国防系统如果不和全民族的创新体系联系起来，就不能组织和调动全民族的智慧，就会妨碍国防力量的增长和强盛。

< 2006年1月9日，全国科学技术大会在北京人民大会堂开幕，这是新世纪召开的第一次全国科技大会。图为大会会场。

提高企业自主创新能力

党的十七大报告提出："要坚持走中国特色自主创新道路，把增强自主创新能力贯穿到现代化建设各个方面。"因此，着力提高企业自主创新能力，进一步转变经济增长方式，已经成为当前我们必须认真研究和探索的重要课题。所谓自主创新能力，是指以科学发展观为统领，从增强自身创新能力出发，以自身力量为主体，应用创新的知识和新技术、新工艺，采用新的生产方式和经营管理模式，不断推动经济结构的创新，促使经济可持续性增长的能力。

建立健全知识产权保护体系

在经济全球化的进程中，知识产权作为知识经济发展的重要保障，已成为产业核心竞争力的源泉。在知识经济时代，企业由于缺乏完善的知识产权管理体系，其核心竞争力和战略优势的提高已受到严重的影响。当前，中国已经基本形成了适应中国国情、符合国际规则、门类齐全的知识产权法律法规体系和执法保护体系。在这种执法保护体系下，我国采用了具有特色的司法保护和行政保护"两条途径、并行运作"的知识产权保护模式。

1 2

1. 沈阳鼓风机厂运用CIMS技术，基本实现了工厂的自动化设计过程。
2. 中国科学院电工研究所研制的燃煤磁流体发电用的鞍型超导磁体。

（二）创造自主创新环境

推动企业技术创新

2006年2月26日，国务院发布《实施国家中长期科学和技术发展规划纲要（2006—2020年）的若干配套政策》（以下简称《配套政策》）。《配套政策》围绕增加创新要素投入、提高创新活动效率、促进创新价值实现3个主要环节，营造激励自主创新的环境，推动企业成为技术创新的主体，努力建设创新型国家，实施10个方面的配套政策。这10个方面分别是科技投入、税收激励、金融支持、政府采购、引进消化吸收再创新、创造和保护知识产权、人才队伍、教育与科普、科技创新基地与平台、加强统筹协调。

实施创新人才培养工程

《配套政策》指出，我国将实施国家高层次创新人才培养工程，在基础研究、高技术研究、社会公益研究等若干关系国家竞争力和安全的战略科技领域，培养造就一批创新能力强的高水平学科带头人，形成具有中国特色的优秀创新人才群体和创新团队。改进和完善学术交流制度，健全同行认可机制，使中青年优秀科技人才脱颖而出；要建立有利于激励自主创新的人才评价和奖励制度；改革和完善企业分配和激励机制，支持企业吸引科技人才，允许国有高新技术企业对技术骨干和管理骨干实施期权等激励政策。

1 2 3

1. 2007 年 11 月 6 日，观众在参观同济大学展示的新一代电动汽车车型平台。在当日上海开幕的 2007 中国国际工业博览会上，高校展区格外引人注目，参展的 50 余所高校展示了数百项科技创新和产学研合作成果。
2. 天津大学科技园是科技部、教育部首批明确批准的 15 家大学科技园之一，占地面积 131600 平方米，建筑面积 100982 平方米，项目造价 3.12 亿元。
3. 农业科技园区重视经济效益，运用现代配套栽培技术，实现了高投入高产出的现代化农业模式。如今，蔬菜大棚已没有季节的交替，始终鲜花不败，绿树常青，四季飘香。图为以花卉组成的隔离栏，为蔬菜大棚增添了色彩。

大学科技园

2006 年 11 月，科学技术部、教育部印发了《国家大学科技园认定和管理办法》，主要是对大学科技园进行宏观管理和指导，并指出高校是国家大学科技园建设发展的主要依托单位。国家大学科技园是国家创新体系的重要组成部分和自主创新的重要基地，是高校实现产学研结合及社会服务功能的重要平台之一，是高新技术产业化和国家高新技术产业开发区“二次创业”以及推动区域经济发展、支撑行业技术进步的主要创新源泉之一，是中国特色高等教育体系的组成部分。大学科技园还是一流大学的重要标志之一。国家大学科技园应建立适应社会主义市场经济的管理体制和运行机制，通过多种途径完善园区基础设施建设、服务支撑体系建设、产业化技术支撑平台建设、高校学生实习和实践基地建设，为入园创业者提供全方位、高质量的服务。

农业科技园

农业科技园是以市场为导向、以科技为支撑的农业发展的新型模式，是农业技术组装集成的载体，是市场与农户连接的纽带，是现代农业科技的辐射源，是人才培养和技术培训的基地，对周边地区农业产业升级和农村经济发展具有示范与推动作用。园区具有一定规模，总体规划可行，主导产业明确，功能分区合理，综合效益显著；园区有较强的科技开发能力，较完善的人才培养、技术培训、技术服务与推广体系，较强的科技投入力度；园区经济效益、生态效益和社会效益显著，对周边地区有较强的引导与示范作用；园区有规范的土地、资金、人才等规章与管理制度，建有符合市场经济规律、利于引进技术和人才、不断拓宽投融资渠道的运行机制。

工业科技园

工业科技园区具备多项功能，可以吸引国内外的资金和技术，有利于产生国际合作，成为全球统一市场的一部分。工业科技园主要服务对象是创业型企业、成熟型企业、投资商及中小规模商业经营者。他们的需求与住宅中的客户有较大差别，其主要诉求是营商环境，如园区氛围和成熟度，企业运作是否方便，能否生存、发展及树立良好的企业形象。绝大部分科技园区都有一批初创型企业需要“孵化器”中创业资金的支持。初创型企业的一个特点是：有科研项目并有专业人员在开发，但缺少企业经营管理人员，甚至连如何注册企业、构建有效的营运机制都没有精力顾及，这就产生了科技园区独有的客户需求市场。

∧ 蛇口工业区于 1979 年由香港招商局在深圳蛇口全资独立开发。经过 20 年的开发建设，蛇口工业区已经成为投资环境完备、服务功能齐全、生活环境优美的海滨城区。

二、全面落实科学发展观　保证最广大人民的根本利益

——《国家“十一五”科技发展规划》的实施

进入21世纪，科技创新成为经济与社会发展的主要驱动力量。“十一五”是我国全面落实科学发展观，把增强自主创新能力作为国家战略，加快经济方式转变，推动产业结构优化升级，为全面建设小康社会奠定基础的关键时期。《国家“十一五”科技发展规划》根据《规划纲要》确定的各项任务和要求，明确未来五年的发展思路、目标和重点，大力推进科技进步和创新，为建设新型国家奠定坚实基础。胡锦涛同志在党的十七大报告中提出：科学发展观，是立足社会主义初级阶段基本国情，总结我国发展实践，借鉴国外发展经验，适应新的发展要求提出的重大战略思想。强调认清社会主义初级阶段基本国情，不是要妄自菲薄、自甘落后，也不是要脱离实际、急于求成，而是要坚持把它作为推进改革、谋划发展的根本依据。我们必须始终保持清醒头脑，立足社会主义初级阶段这个最大的实际，科学分析，深刻把握我国发展面临的新课题新矛盾，更加自觉地走科学发展道路，奋力开拓中国特色社会主义更为广阔的发展前景。

（一）瞄准战略目标，实施重大专项

落实《规划纲要》的总体部署，注重与国家重大工程的结合，与国家科技计划的安排协调互动。充分发挥市场配置资源的基础性作用，在确保中央财政投入的同时，形成多元化的投入机制，突出企业在技术创新中的主体作用。“十一五”期间，核心电子器件、高端通用芯片及基础软件产品，极大规模集成电路制造装备及成套工艺，新一代宽带无线移动通信网，高档数控机床与基础制造装备，大型油气田及煤层气开发，大型先进压水堆及高温气冷堆核电站，水体污染的控制与治理，转基因生物新品种培育，重大新药创制，艾滋病和病毒性肝炎等重大传染病防治，大型飞机，高分辨率对地观测系统，载人航天与探月工程等16个重大科技专项全面实施，取得重要阶段性成效。

集成电路高端制造装备

集成电路装备专项的65纳米介质刻蚀机经多国客户近百次测试，与世界上最先进设备的芯片加工结果相比，加工质量好，单位投资产出量高35%~50%，成本降低30%~35%，2010年已销售12台，并取得国外批量订单，显著提升了我国集成电路高端制造装备产业国际竞争力，并将带动太阳能、平板显示等一系列新兴产业发展。

第四代移动通信获国际标准

2008年年初，国务院常务会议首次审议并通过了包括新一代宽带无线移动通信网在内的国家重大专项实施方案。此次，新一代宽带无线移动通信再一次成为11项加快实施的科技重大专项之一。新一代宽带无线移动通信代表了信息技术的主要发展方向，实施这一专项将大大提升我国无线移动通信的综合竞争实力和创新能力，推动我国移动通信技术和产业向世界先进水平跨越。

^ 2011年，尤肖虎团队发表的论文获得国际通信界最有影响的国际电气与电子工程师协会（IEEE）莱斯最佳论文奖，由其领衔的“宽带移动通信容量逼近传输技术及产业化应用”研究成果获得国家技术发明奖一等奖。图为尤肖虎在实验室的B3G实验平台基站工作。（新华社记者沈鹏　摄）

2012 年 1 月 18 日，“中国创造” 的 TD-LTE 被国际电信联盟确定成为第四代移动通信（4G）国际标准。TD-LTE 是我国拥有自主知识产权的 TD-SCDMA（中国移动 3G 制式）的升级演进技术，在中国政府的引导和中国移动的大力推动下，TD-LTE 获得了国际运营商的广泛关注与支持。

1 | 2

1. “863” 计划项目，抓住以智能网、高性能计算机等技术支持国产机的升级换代。
2. 坐落在数码港写字楼大楼最底层的网络控制中心，是数码港的心脏地带，工作人员必须接受指纹和瞳孔两道监测系统才能够进入这里。

初步建立转基因技术体系

“十一五”期间，我国转基因新品种培育专项累计培育了 36 个抗虫棉新品种，3 年累计推广 1.67 亿亩，净增效益 160 亿元。抗虫转基因水稻、转植酸酶基因玉米获得安全生产证书。针对公众的普遍关注，初步建立起我国转基因技术体系和安全评价技术体系。

新药创制取得进展

在新药创制专项的支持下，先后研制出一批具有自主知识产权的新药品中，16 个产品获得新药证书，24 个品种提交新药注册申请，抗肺癌药埃克替尼等 17 个品种完成临床试验，36 个药物大品种技术改造顺利实施。

^ 武汉生物制品研究所是国家医学微生物学、免疫学、细胞工程、基因工程的主要研究机构和生产人用生物制品的大型高新技术企业。图为研究所的乙肝疫苗生产车间。

∧ 艾滋病是当今世界威胁人类生存和社会发展的严重问题之一。向艾滋病宣战，这是人类与疾病的斗争史上最艰苦卓绝的篇章，艾滋病防治工作刻不容缓。图为科研人员在分离艾滋病检测试剂。

艾滋病和病毒性肝炎等重大传染病防治

重点突破新型疫苗与治疗药物创制等关键技术，自主研制40种高效特异性诊断试剂、15种疫苗及药物，研究制定科学规范的中、西医及其结合的防治方案，建立10个与发达国家水平相当的防治技术平台，初步构建有效防控艾滋病、肝炎的技术体系。

油气勘探开发和提高采收率

在能源领域，油气开发专项攻克了油气勘探开发和提高采收率等一批核心关键技术。我国首个超万道级地震数据采集记录系统，已成功通过2000道工程样机实际生产考核，其高速数据传输能力比目前国际主流产品提高2~5倍。研制成功3000米深水半潜式钻井平台，使我国油气工业生产能力实现了从水深500米到3000米的跨越式发展。

重点研究西部复杂地质条件下油气、煤层气和深海油气资源的高精度地震勘探和开采技术，提高成套技术与装备的自主设计和制造能力，使石油和天然气资源探明率分别提高10%和20%，石油采收率提高到40%~50%。

∧ 中国石油天然气股份有限公司的业务，分为勘探与生产、炼油与销售、化工与销售、天然气与管道。图为快速发展的油气管网。管道输送油气，可由产地或加工地直接通到码头。

多种数控机床研制成功

数控机床专项研制的重型五轴联动车铣复合机床、超重型卧式镗车床研发成功，在三代核电自主化建设中发挥了重要作用。世界最大的3.6万吨黑色金属垂直挤压机已投入生产，每年可为相关企业节约成本100亿元以上。

水体污染的控制与治理

水体污染的控制与治理。选择不同类典型流域，开展流域水生态功能区划，研究流域水污染控制、湖泊富营养化防治和水环境生态修复关键技术，突破饮用水源保护和饮用水深度处理及输送技术，开发安全饮用水保障集成技术和水质水量优化调配技术，建立适合国情的水体污染监测、控制与水环境质量改善技术体系。水体污染控制与治理重大专项重点围绕“三河、三湖、一江、一库”，集中攻克一批节能减排迫切需要解决的水污染防治关键技术，为实现节能减排目标和改善重点流域水环境质量提供有力支撑。

在滇池污染的治理中，草海底泥疏浚工程（一期）已提前竣工，超额完成，是至今中国湖泊治理中最大的一次。

（二）面向紧迫需求，攻克关键技术

“十一五”期间，我国立足于国民经济和社会发展的紧迫需求，把能源、资源、环境、农业、信息、健康等关键领域的重大技术开发放在突出位置，加强公益技术和产业共性技术的研发，注重以重大产品和支柱产业为中心的集成创新和应用，结合重大工程建设和重大装备开发，强化集成创新和引进消化吸收再创新，提高了我国主要行业和产业的自主研发能力。

广域实时精密定位技术取得重大突破

“广域实时精密定位技术与示范系统”是“十一五”国家“863”计划地球观测与导航技术领域重点项目。该项目的目标是以广域差分和精密单点定位技术为基础，充分利用我国现有卫星导航地面基准站资源，集成先进实时数据处理、互联网和卫星通信等技术，建成我国高精度卫星导航增强示范系统。“十一五”期间建成基本覆盖中国区域的卫星导航增强示范系统，实时定位精度优于 1 米，导航卫星实时定轨精度 0.1 米，实时钟差 0.2 纳秒，主要技术指标已达到国际先进水平，标志着我国在广域实时精密定位技术领域取得了重大突破。该项目成果可直接应用于我国北斗卫星导航增强系统建设，有助于大幅度提高北斗系统定位精度。

大庆油田高含水后期 4000 万吨以上持续稳产

大庆油田依靠三代自主创新技术，到 1995 年产量达到 5600 万吨，实现了 5000 万吨以上 20 年长期高产稳产，油田进入产量递减阶段。按当时的资源和技术，到 2009

年产量将下降到3000万吨以下。为满足国家对石油的迫切需求，大庆油田自主研发了高度分散剩余油定量描述与精细采油配套技术，首创聚合物黏弹性驱油理论及聚合物驱高效开发技术，首次揭示了大型陆相坳陷盆地负向构造带的油气分布规律，创新了薄砂体精细找油技术，创新并实施了超大容量多样化注采液处理利用配套技术，从而实现了14年高产稳产4000万吨以上。

（三）把握未来发展，超前部署前沿技术和基础研究

"十一五"期间，基础研究投入经费大幅提高，重点发展了一批新兴交叉学科，解决了一批国民经济和社会发展中的关键科学问题；在航天技术领域保持我国的相对优势，在信息、生物、新材料和海洋等战略必争领域赢得主动权，力争在国家未来发展的重大需求和前沿技术的结合点上取得一批达到世界先进水平的原始性创新成果，形成一批代表世界先进水平的技术系统和产品。

"慧眼"天文卫星的研制

被列入国家《"十一五"空间科学发展规划》的中国自主研制的第一颗专用空间天文卫星——硬X射线调制望远镜卫星（HXMT）"慧眼"，呈正方体构型，总质量约2.5吨，装载高能、中能、低能X射线望远镜和空间环境监测器4个探测有效载荷，通过巡天观测、定点观测和小天区扫描3种工作模式，可实现宽波段、高灵敏度、高分辨率的X射线空间观测。"慧眼"于2017年6月15日发射升空，已多次参加国际空间和地面联测。通过"慧眼"等工作，人类首次"听到"和"看到"宇宙深处剧烈爆发现象，直接探测到由双中子星并合发出的"雷鸣电闪"；进行宇宙最强磁场的硬X射线回旋吸收线观测，发现了中子星内部结构的"缺失环节"，提供研究中子星内部超高密度、超流体、超导体结构的新线索等。未来，"慧眼"将为我国科学家提供遥远宇宙中的天体（黑洞）、中子星和中子星双星的高灵敏度图像。

微重力科学领域

微重力科学就是研究微小重力环境中物质运动规律的科学，自然界许多宏观运动过程在地面环境中不可避免地要受到重力的作用，因此在微重力环境中将更有利于研究那些在地面被重力掩盖的过程以及由于重力的耦合作用而不易研究清楚的问题。为了适应我国空间事业的发展，建立了中国科学院国家微重力实验室，这是国家高科技发展的一个重大举措。"十一五"期间，微重力科学领域紧密结合国家科技战略目标和载人航天的关键问题，促进生物工程、新材料等高技术的发展以及引力理论、生命科学等的基础研究，并为卫星型号任务进行前期研究；通过充分论证，遴选有重大应用价值和重要科学意义的空间实验项目，为第一颗微重力科学和空间生命科学实验卫星开展了大量研究工作，使该领域研究持续稳定地发展。

2016年4月6日，我国首颗大规模实施无人空间微重力实验的返回式卫星——实践十号卫星在酒泉卫星发射中心升空。它搭载着19项创新性科学实验，相当于把一个综合性实验室搬到了太空。图为实践十号卫星返回地球后，科研人员从中取出的在太空中开花的拟南芥。（新华社记者王全超　摄）

中国载人航天工程

中国航天事业是在基础工业比较薄弱、科技水平相对落后和特殊的国情、特定的历史条件下发展起来的。中国独立自主地进行航天活动，以较少的投入，在较短的时间里，走出了一条适合本国国情和有自身特色的发展道路，取得了一系列重要成就。中国

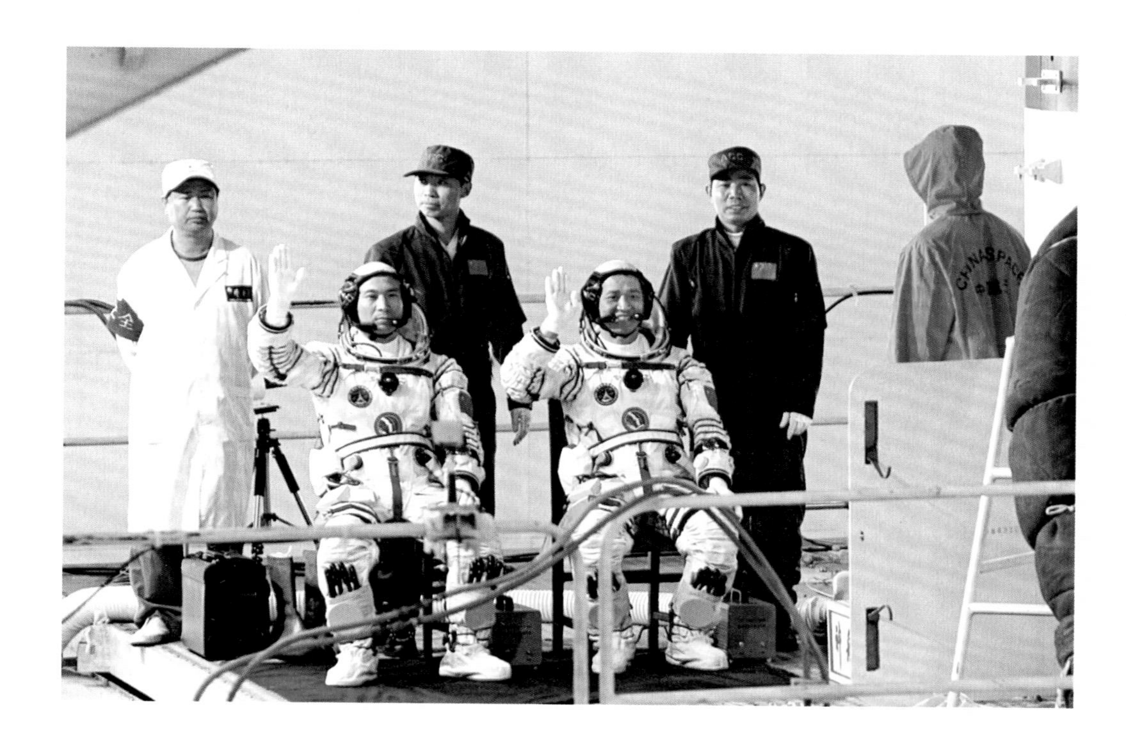

我国自行研制的神舟六号载人飞船搭载费俊龙和聂海胜，于2005年10月12日在酒泉卫星发射中心发射升空。

在卫星回收、一箭多星、低温燃料火箭技术、捆绑火箭技术以及静止轨道卫星发射与测控等许多重要技术领域已跻身世界先进行列；在遥感卫星研制及其应用、通信卫星研制及其应用、载人飞船试验以及空间微重力实验等方面均取得重大成果。

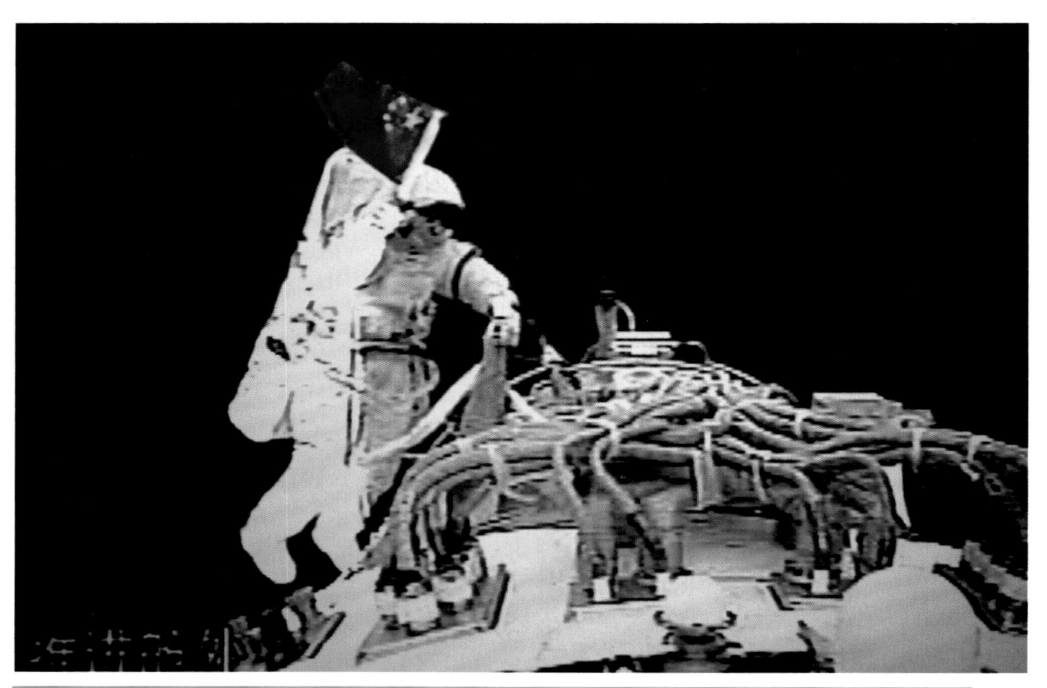

1
2

1. 神舟七号飞船航天员翟志刚进行太空行走并成功返回轨道舱，这标志着中国历史上第一次太空行走成功完成。
2. 2008 年 9 月 27 日下午，翟志刚（中）、刘伯明（右）、景海鹏（左）组成飞行乘组，圆满完成神舟七号载人航天飞行任务。

载人航天工程是中华民族不畏艰难险阻、勇攀科技高峰的又一伟大壮举。它使中国成为继俄罗斯和美国之后，世界上第三个自主发展载人航天技术的国家，提升了中国航天大国的地位，极大地增强了中华民族的自豪感和凝聚力，对激发全国人民建设小康社会的热情具有重要意义。同时，载人航天工程也使中国成为国际空间俱乐部的重要成员，为即将实施的探月工程和深空探测提供了可持续发展的动力。

中国探月工程一期顺利实施

中国探月工程经过10年的酝酿，最终确定分为“绕”“落”“回”3个阶段。嫦娥一号是我国研制并发射成功的首颗绕月探测卫星，它于2007年10月24日升空。进入月球轨道后，嫦娥一号按计划开展了多项对月探测，传回了大量数据，最终于2009年3月1日，以受控撞月的方式，结束了工作使命。

2010年10月1日，在西昌卫星发射中心用长征三号丙运载火箭，将嫦娥二号卫星成功送入太空，卫星共搭载7种探测设备：CCD立体相机、激光高度计、γ射线谱仪、X射线谱仪、微波探测仪、太阳高能粒子探测器和太阳风离子探测器。嫦娥二号任务是衔接探月工程一期和二期任务的关键环节。此次任务实现了一系列任务工程目标和科学目标，不仅突破了一批核心技术和关键技术、取得了一系列重大科技创新成果，而且带动了我国基础科学和应用技术深入发展，推动了信息技术和工业技术交叉融合，进一步形成和积累了中国特色重大科技工程管理方式和经验，培养造就了高素质科技人才和管理人才队伍。这对深入开展深空探测活动、推进我国航天事业、建设先进国防科技工业具有重大意义。

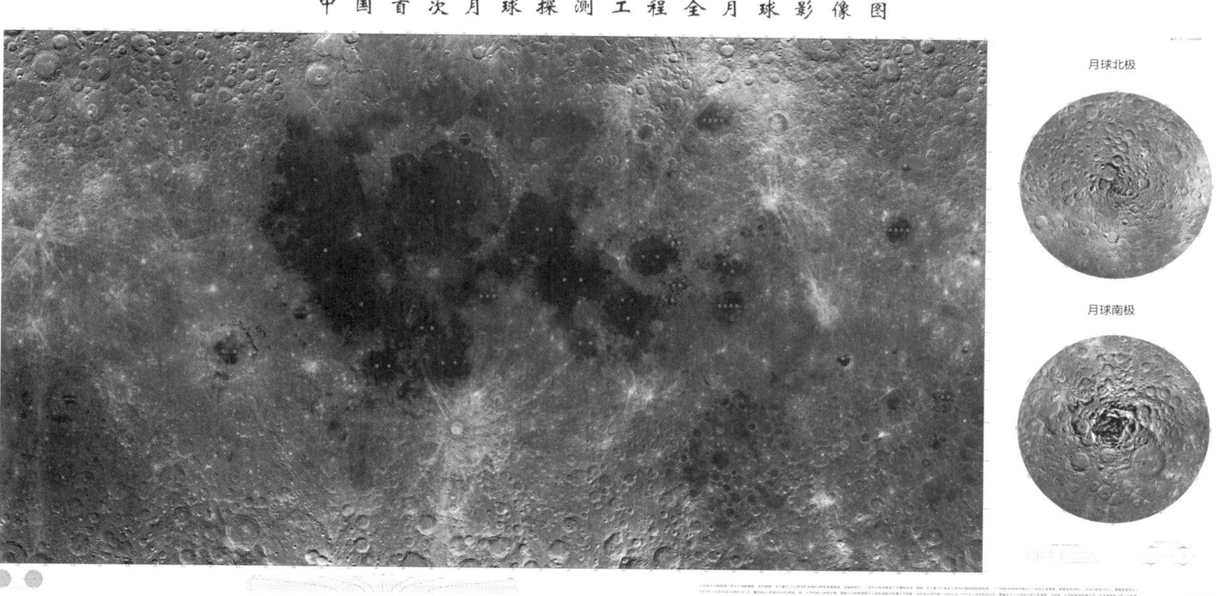

∧ 2008年11月12日，嫦娥一号卫星拍摄的月球表面成像图正式公布，这是世界上已公布的月球影像图中最完整的一幅。（新华社 发）

1 2 3

1. 狭窄隧道中的储存环双环——BEPC 储存环隧道是按照单储存环设计的，工程人员为了节省经费并充分利用原有的设备，经过精心设计，在狭窄的隧道内安装了两个储存环，并保留了已有的同步辐射实验光束线前端区。
2. 电子直线加速器全景——改造后，总长 202 米的直线加速器正电子流强提高 10 倍，并具有优良的束流品质，作为 BEPC Ⅱ 的注入器，正电子向储存环的注入速率提高数十倍。
3. BES Ⅲ 安装就位——科研人员采用先进的探测器材料、汇集了国内外高能物理实验探测器的制造技术和工艺，设计和制造了中国高能物理实验第三代探测器——BES Ⅲ，总长 11 米、宽 6.5 米、高 9 米，总重约 800 吨，就位精度达 2 毫米。

（四）强化共享机制，建设科技基础设施与条件平台

特高压交流试验基地正式投入运行

2007 年 2 月 13 日国家电网公司特高压交流试验基地 1000 千伏单回试验线段在武汉带电启动，这标志着我国特高压交流试验基地正式投入运行。

北京正负电子对撞机成功完成升级改造

2004 年，北京正负电子对撞机圆满完成了预定的科学使命。为了适应世界高能物理的发展，继续保持北京正负电子对撞机在科学上的竞争力，经国家批准，中国科学院高能所决定对北京正负电子对撞机进行重大改造。中国“十五”期间重大科学工程、总投资 6.4 亿元人民币的北京正负电子对撞机重大改造工程（简称 BEPC Ⅱ），2009

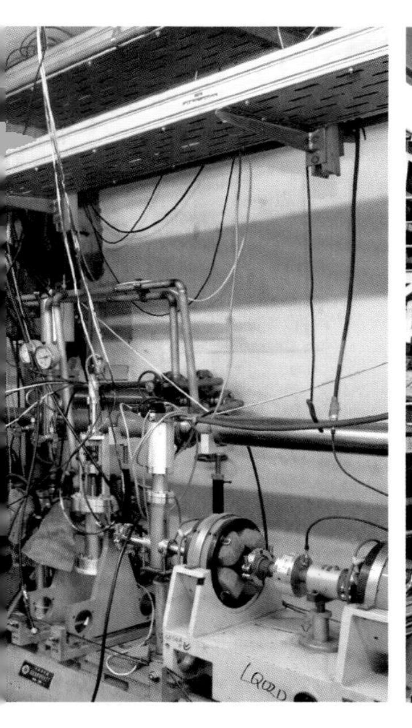

年 7 月 17 日下午在中国科学院高能物理研究所通过国家竣工验收，并获 2016 年国家科技进步奖一等奖。此次改造包括注入器改造、新建双储存环对撞机、新建北京谱仪 BES Ⅲ和通用设施改造等，涉及低温超导、高频微波、超高真空、精密机械、磁铁与电源、束测与控制、粒子探测器、快电子学、海量数据获取、数据密集型计算等高新技术，技术难度高、工程复杂。北京正负电子对撞机等大型科研装备的升级改造，成为学习和引进国外先进科学技术的重要“窗口”，为开展更广泛的国际合作，提供更多的机会和条件，也大大拓宽了中国的国际合作的渠道和形式。

兰州 HIRFL-CSR 通过了国家验收

2008 年 7 月 30 日，中国科学院近代物理研究所承建的国家重大科学工程——兰州重离子加速器冷却储存环（HIRFL-CSR）通过了国家验收。该工程全面优质地完成了建设任务，实现了验收指标，其中主环加速碳、氩束流的能量和流强超过了设计指标，使我国大型重离子加速器冷却储存环达到了国际先进水平。这是我国高科技领域取得的又一重大成果。HIRFL-CSR 是一个集加速、累积、冷却、储存、内靶实验及高灵敏、高分辨测量等当代加速器先进技术于一体的多功能、高科技实验装置，具备超高真空的束流管道总面积约 600 平方米，磁铁总重量约 1500 吨，磁铁电源近 300 台。该装置以原有的 HIRFL 系统作为注入器，采用多圈注入、剥离注入和电子冷却相结合的方法，将束流在 CSRm 里累积到高流强并加速，然后快引出打初级靶产生放射性次级束，或者剥离成高离化态束流，注入 CSRe 做内靶实验或进行高精度质量测量。

∧ 2008 年 7 月 30 日，兰州重离子加速器冷却储存环（HIRFL-CSR）通过了国家验收。总投资近 3 亿元人民币的兰州重离子加速器冷却储存环的创新点是，在实验环内可直接进行放射性束核反应研究；研制成功能产生"空心"电子束的新一代电子冷却装置。装置还在大型超高真空系统真空度方面创造了国际同类装置的最高指标。 图为兰州重离子加速器冷却储存环主环的一角。（新华社记者宋常青 摄）

（五）营造有利环境，加强科学普及和创新文化建设

颁布《中华人民共和国科学技术普及法》

2002年6月29日，中华人民共和国第九届全国人民代表大会常务委员会第二十八次会议通过《中华人民共和国科学技术普及法》（简称《科普法》）。这是我国科普事业发展史上的里程碑，标志着科普工作走上了法制化的轨道。《科普法》是在我国几十年来科学技术普及工作的政策实践基础上，针对我国国情制定的一部重要法律。这部法律的出台，对于实施科教兴国和可持续发展战略，加强科学技术普及工作，提高全民的科学文化素质，推动经济发展和社会进步具有重大意义。为进一步学习贯彻落实《科普法》，了解《科普法》的内容，全国人大教科文卫委员会专门组织编写了《中华人民共和国科学技术普及法释义》，供社会各界特别是科普界开展工作学习时参考。

∧ 由科学普及出版社出版的《中华人民共和国科学技术普及法》出版物。

颁布《全民科学素质行动计划纲要（2006—2010—2020）》

我国根据党的十六大和十六届三中、四中、五中全会精神，依照《中华人民共和国科学技术普及法》和《国家中长期科学和技术发展规划纲要（2006—2020年）》，制定并实施《全民科学素质行动计划纲要（2006—2010—2020）》（简称《科学素质纲要》）。

《科学素质纲要》提出，“科学素质是公民素质的重要组成部分。公民具备基本科学素质一般指了解必要的科学技术知识，掌握基本的科学方法，树立科学思想，崇尚科学精神，并具有一定的应用它们处理

∧ 随着《科普法》的颁布，西安市要求全市中小学建立科技室，它对推动青少年普及科技知识、提高科技能力有着关键性作用。

< 我国科学界前辈十分重视科普教育。图为桥梁专家茅以升向儿童讲解科学知识。

实际问题、参与公共事务的能力”。这是在综合分析国内外学术界关于科学素质定义的基础上，从国家基本国情出发，对科学素质内涵作出的界定。提高公民科学素质，对于增强公民获取和运用科技知识的能力、改善生活质量、实现全面发展，对于提高国家自主创新能力、建设创新型国家、实现经济社会全面协调可持续发展、构建社会主义和谐社会，都具有十分重要的意义。

科普大篷车

2000 年，中国科协开始研制生产科普大篷车，截至 2008 年年底，已向全国各地配发了 190 辆科普大篷车，包括 Ⅰ 型和 Ⅱ 型两种车型。累计行程 760 多万千米，开展科普服务活动总数 2 万余次，受惠群众超过 2800 万人次。2008 年开始研制的 Ⅲ 型车是主题式科普大篷车，如在内蒙古试点巡展的两辆科普大篷车，有着各自的主题，一辆是“节约能源资源”，另一辆是“保护生态环境”，分别搭载着与各自的主题相关的科学体验、动手实验、科普展板和科普动画片等科普资源，集展览展示、互动参与、科普剧表演于一体，受到了广大公众和科普工作者的欢迎，被形象地称为流动的科技馆。

开展科技活动周与科普日活动

科技活动周是国家于 2001 年开始设立并组织实施的全国范围的群众性科技活动，每年的 5 月中旬举办。科技活动周对弘扬科学精神、传播科学思想、普及科学知识、倡导科学方法具有十分重要的意义，对提高人民群众的科学文化素质，全面建设小康社会具有积极的推动作用。

1 2

1. 科普大篷车走进新疆。
2. 科普大篷车走进西藏。

2003 年起，中国科协组织各级科协和学会在全国范围内开展了全国科普日活动。为持续做好这项群众性、社会性科普活动，中国科协决定从 2005 年起，将每年 9 月第三周的公休日定为全国科普日。目的在于通过组织开展全国科普日活动标识、主题征集活动，在全社会进一步营造“人人都是科普之人，处处都是科普之所”的良好氛围，激发全体公民学科学、爱科学、用科学热情，为中国科普活动的可持续发展提供不竭源泉和动力。

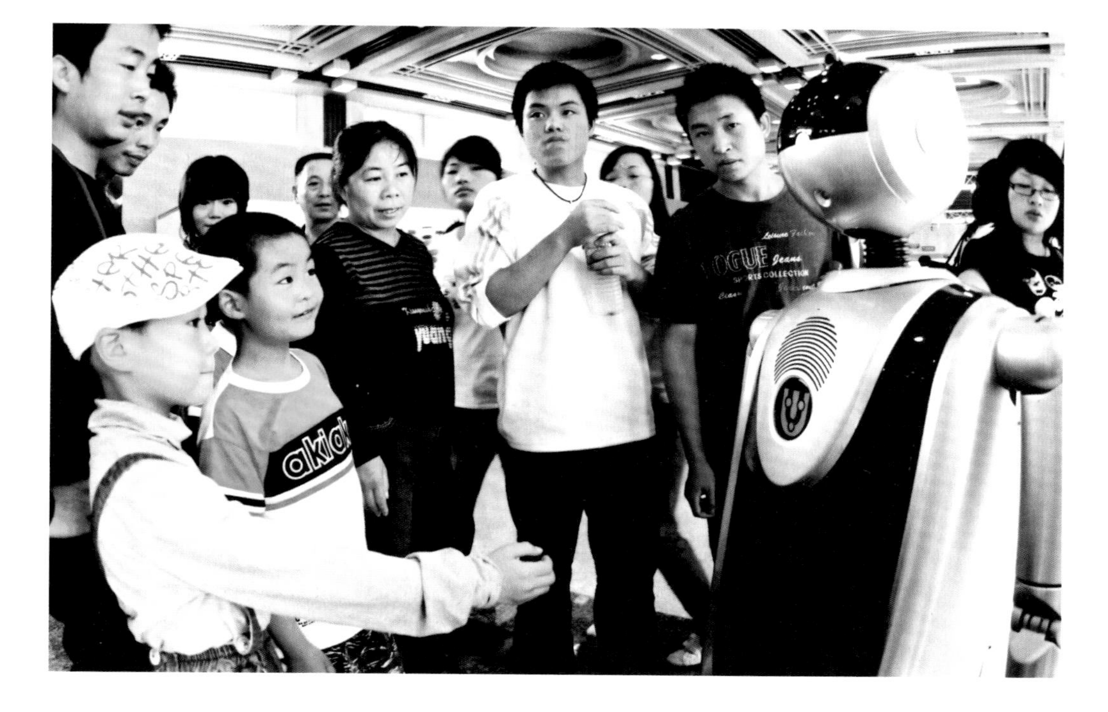

2008 年 10 月 18 日，2008 杭州全国科普日机器人展在杭州市科技交流馆举行，展览展出十余台各种造型和功能的机器人，吸引众多市民到场参观。

中国科学技术馆新馆建成

2006 年 5 月 9 日，中国科学技术馆新馆举行奠基典礼。中国科学技术馆新馆是“十一五”期间，由政府投资建设的大型科普教育场馆。新馆建筑由北京建筑设计研究院和美国 RTKL 国际有限公司联合设计，主体为一体量较大的单体正方形，利用若干个积木般的块体相互咬合，使整个建筑呈现出一个巨大的鲁班锁造型，体现了人与自然和

∨ 新落成的中国科学技术馆新馆。

科技之间的内在联系，也象征着科学没有绝对的界限，学科之间相互融合、相互促进。新馆位于国家奥林匹克公园内，占地 4.8 万平方米，建筑规模 10.2 万平方米，是北京 2008 年奥运会的相关附属设施之一，是体现“绿色奥运、人文奥运和科技奥运”三大理念的重要组成部分。新馆建设是中国科学技术馆发展历程中的又一个里程碑，也是中国科普事业中的一件大事，对增强我国科普能力建设，提高公民科学素质，贯彻落实科教兴国战略和人才强国战略，宣传科学发展观，构建社会主义和谐社会起到重要的作用。

第 6 章

创新引领科技强国建设

党的十八大以来，在党中央坚强领导下，在全国科技界和社会各界共同努力下，我国科技事业密集发力、加速跨越，实现了历史性、整体性、格局性重大变化，重大创新成果竞相涌现，一些前沿方向开始进入并行、领跑阶段，科技实力正处于从量的积累向质的飞跃、点的突破向系统能力提升的重要时期。

习近平总书记在中国科学院第十九次院士大会、中国工程院第十四次院士大会上强调，要实现建成社会主义现代化强国的伟大目标，实现中华民族伟大复兴的中国梦，我们必须具有强大的科技实力和创新能力。

一、提高自主创新能力　推动科技长远发展
——《国家“十二五”科学和技术发展规划》的实施

2011年7月，国家科学技术部会同有关部门和单位，编制完成《国家“十二五”科学和技术发展规划》（以下简称《“十二五”科技规划》）。《“十二五”科技规划》坚持把实现创新驱动发展作为根本任务，把促进科技成果转化为现实生产力作为主攻方向，把科技惠及民生作为本质要求，把增强科技长远发展能力作为战略重点，把深化改革和扩大开放作为强大动力。《“十二五”科技规划》中提出“十二五”科技发展的总体目标是：自主创新能力大幅提升，科技竞争力和国际影响力显著增强，重点领域核心关键技术取得重大突破，为加快经济发展方式转变提供有力支撑，基本建成功能明确、结构合理、良性互动、运行高效的国家创新体系，国家综合创新能力世界排名由目前第21位上升至前18位，科技进步贡献率力争达到55%，创新型国家建设取得实质性进展。同时，从研发投入强度、原始创新能力、科技与经济结合、科技惠及民生、创新基地建设布局、科技人才队伍建设、体制机制创新等方面提出了具体目标和指标。

（一）重大创新成果

“十二五”以来，特别是党的十八大以来，党中央、国务院高度重视科技创新，作出深入实施创新驱动发展战略的重大决策部署。我国科技创新步入跟踪和并跑、领跑并存的新阶段，正处于从量的积累向质的飞跃、从点的突破向系统能力提升的重要时期，在国家发展全局中的核心位置更加凸显，在全球创新版图中的位势进一步提升，已成为具有重要影响力的科技大国。取得载人航天和探月工程、载人深潜、深地钻探、超级计算、量子反常霍尔效应、量子通信、中微子振荡、诱导多功能干细胞等重大创新成果。

载人航天工程“三步走”战略稳步实施

天宫一号是中国第一个目标飞行器，于2011年9月29日在甘肃酒泉卫星发射中

天宫一号与火箭结合体转场就位，准备发射。（新华社记者秦宪安 摄）

心发射，飞行器全长 10.4 米，最大直径 3.35 米，由实验舱和资源舱构成。它的发射标志着中国迈入中国航天“三步走”战略的第二步第二阶段。

2011 年 11 月 3 日，天宫一号与神舟八号飞船交会对接成功，是我国在突破和掌握空间交会对接技术上迈出的重要一步，标志着中国已独立掌握空间交会、对接能力，拥有建设自行的空间实验室，即短期无人照料的空间站的能力。2012 年 6 月 18 日，天宫一号与神舟九号飞船载人交会对接任务圆满成功，实现了我国空间交会对接技术的又一重大突破，标志着我国载人航天工程第二步战略目标取得了具有决定性意义的重要进展。2013 年 6 月 11 日，神舟十号飞船成功发射，并于 13 日对接天宫一号，20 日航天员王亚平讲解和演示了失重环境下物体运动和液体表面张力特性，开创了中国载人航天应用性飞行的先河。

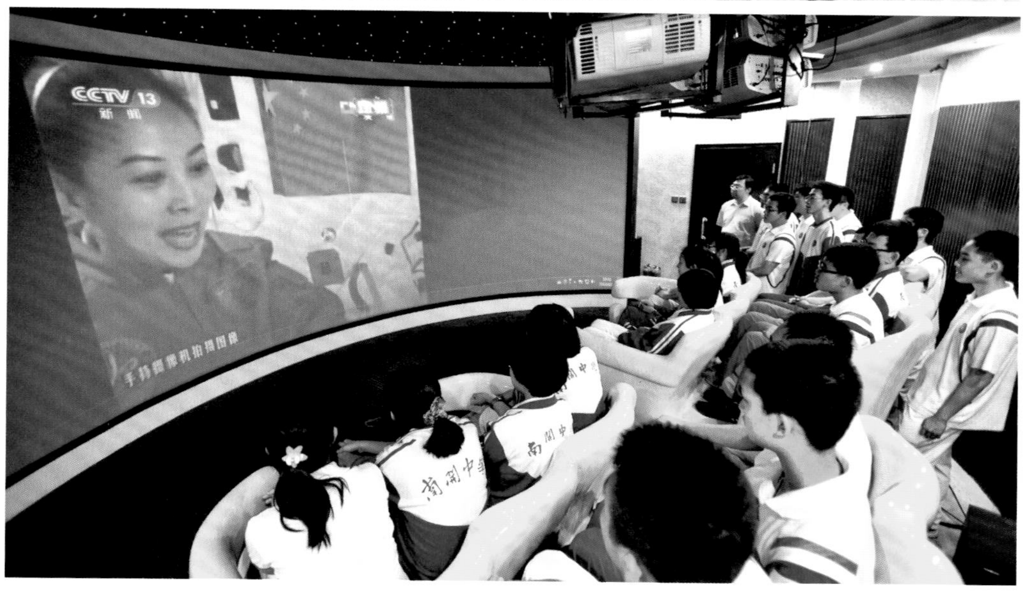

1. 2012 年 6 月 18 日，刘洋与景海鹏、刘旺进入天宫一号开始太空生活。（新华社记者查春明 摄）
2. 2013 年 6 月 20 日，神舟十号航天员在天宫一号开展基础物理实验，为青少年进行太空授课，全国 8 万余所中学 6000 余万名师生同步收看。图为南开中学航天体验馆里学生观看航天员王亚平在太空展示飘浮在空中的水滴。（新华社记者游思行 摄）

探月工程进入新阶段

嫦娥三号探测器于 2013 年 12 月 2 日在中国西昌卫星发射中心由长征三号乙运载火箭送入太空。14 日，嫦娥三号探测器在月面成功软着陆，科学探测任务陆续展开。

作为探月工程二期主任务，嫦娥三号将完成三大工程目标和三类科学探测任务。三大工程目标包括：①突破月球软着陆、月面巡视勘察、深空测控通信与遥操作、深空探测运载火箭发射等关键技术，提升航天技术水平；②研制月球软着陆探测器和巡视探测器，建立地面深空站，获得包括运载火箭、月球探测器、发射场、深空测控站、地面应用等在内的功能模块，具备月球软着陆探测的基本能力；③建立月球探测航天工程基本体系，形成重大项目实施的科学有效的工程方法。三类科学探测任务包括：①月表形貌与地质构造调查；②月表物质成分和可利用资源调查；③地球等离子体层探测和月基光学天文观测。

∨ 2013 年 12 月 15 日晚，正在月球上开展科学探测工作的嫦娥三号着陆器和巡视器进行互成像实验，“两器”顺利互拍。这是北京飞控中心大屏幕上显示嫦娥三号着陆器上的相机拍摄的玉兔号月球车。（新华社 发）

嫦娥三号着陆器、巡视器顺利完成互拍成像，标志我国探月工程二期取得圆满成功。嫦娥三号任务的圆满成功，实现了我国航天器首次在地外天体软着陆和巡视勘察，标志着我国探月工程“绕、落、回”第二步战略目标取得全面胜利，在我国航天事业发展中具有重要里程碑意义。以嫦娥三号任务圆满成功为标志，我国探月工程将全面转入无人自动采样返回的新阶段。

再入返回飞行试验器于 2014 年 10 月 24 日在中国西昌卫星发射中心发射升空，进入地月转移轨道。试验器成功实施 2 次轨道修正，于 27 日飞抵月球引力影响球，开始月球近旁转向飞行。28 日晚，试验器完成月球近旁转向飞行，进入月地转移轨道。30 日再次成功实施 1 次轨道修正后重返地球。首次再入返回飞行试验的圆满成功，标志着我国已全面突破和掌握航天器以接近第二宇宙速度（11.2 千米 / 秒）再入返回关键技术，为全面完成探月工程“绕、落、回”三步走战略目标打下了坚实基础，对我国月球及深空探测乃至航天事业的持续发展具有重大意义。

∨ 2014 年 11 月 1 日，我国探月工程三期再入返回飞行试验返回器经历数天地月之旅后，在内蒙古四子王旗预定区域顺利着陆。（新华社记者任军川 摄）

新型运载火箭顺利发射

2015 年 9 月 20 日，长征六号运载火箭在太原卫星发射中心升空。长征六号是三级液体运载火箭，动力系统采用液氧煤油发动机，具有无毒无污染、发射准备时间短等特点，主要用于满足微小卫星发射需求。该型运载火箭由中国航天科技集团公司所属上海航天技术研究院抓总研制，它的研制成功，填补了我国无毒无污染运载火箭空白，对于完善我国运载火箭型谱、提高火箭发射安全环保性、提升进入空间能力具有重要意义。

2015 年 9 月 20 日，长征六号运载火箭在太原卫星发射中心点火发射，成功将 20 颗微小卫星送入太空。此次发射任务圆满成功，不仅标志着我国长征系列运载火箭家族再添新成员，而且创造了中国航天一箭多星发射的新纪录。（新华社记者燕雁　摄）

∧ 潜航员叶聪（左）、付文韬（中）、刘开周（右）在蛟龙号内。（中国大洋协会　供图）

载人深潜与无人深潜领跑国际

深海科研是全球热点。1000 米以上的深海蕴藏着丰富的金属矿产资源、深海气资源及生物基因资源，这些都是人类未来发展必不可少的战略性资源。同时深海在地球科学、生命科学、环境科学等许多领域具有重大的科学研究价值。“十二五”期间，我国海洋深潜取得优异成绩。

（1）蛟龙号成功深潜 7062 米

2012 年 6 月 24 日，蛟龙号载人潜水器在西太平洋马里亚纳海沟试验海区创造了 7062 米的中国载人深潜最新纪录，这是世界同类型载人潜水器的最大下潜深度，标志着我国具备了在全球 99.8% 的海洋深处开展科学研究、资源勘探的能力。在蛟龙号载人潜水器 2002 年立项之初，我国载人深潜技术基础只有数百米，从数百米跨到 7000 米，跨越的不仅仅是距离，还有几代中国载人深潜科研人员和深海科学人的心路历程。

（2）海马号海试成功

海马号无人遥控潜水器是国家“863”计划海洋技术领域“4500 米级深海作业系统”项目的主要科研成果。2014 年 2—4 月，海马号顺利下潜到南海中部海盆 4502 米水深处，完成了海底观测网扩展缆的模拟布放、沉积物取样、热流探针探测、OBS 布放、海底自拍摄、标志物布放等多项深海海底地质探查作业任务，并成功实现与水下

1. 蛟龙号载人潜水器进行7000米级海试第四次下潜试验。（新华社记者罗沙 摄）
2. 刚刚结束了海上试验并通过验收的海马号。（新华社记者 摄）

∧ 2016年8月12日，探索一号科考船返回三亚母港。（新华社记者沙晓峰　摄）

升降装置的联合作业，通过了91项技术指标的现场考核和海试验收。海马号海试成功，标志着我国海洋技术人员全面突破和掌握了深海无人遥控潜水器的相关核心技术，突破了长期以来深海无人遥控潜水器技术装备受制于人的不利局面。

（3）探索一号科考船万米深潜

中国科学院探索一号科考船于2016年6月22日—8月12日在马里亚纳海沟挑战者深渊进行科考活动，历时52天。在这次科考中，利用我国自主研发的万米级自主遥控潜水器海斗号、深渊着陆器天涯号与海角号、万米级原位试验系统原位实验号、9000米级深海海底地震仪、7000米级深海滑翔机等系列高技术装备，科考队在马里亚纳海沟海域，共执行84项科考任务，在不同深度断面上，取得大批珍贵的样品和数据。

< 科研人员展示从万米深渊获得的海水样品及获得该样品的实验设备。（新华社记者金立旺　摄）

神威太湖之光超级计算机。（新华社记者李响　摄）

超级计算机称雄全球

2016 年 6 月 20 日，在新一期全球超级计算机 500 强榜单上，使用中国自主芯片制造的神威太湖之光取代天河二号登上榜首，中国超算上榜总数量也有史以来首次超过美国，名列第一。神威太湖之光的浮点运算速度为每秒 9.3 亿亿次，不仅速度比第二名天河二号快出近两倍，其效率也提高 3 倍。更重要的是，与天河二号使用英特尔芯片不一样，神威太湖之光使用的是具有中国自主知识产权的芯片。

神威太湖之光由国家并行计算机工程技术研究中心研制，安装在国家超级计算无锡中心。此前，由中国国防科技大学研制的天河二号超级计算机已在 500 强榜单上连续六度称雄。

发现新的中微子振荡

2012 年 3 月 8 日，大亚湾中微子实验国际合作组发言人王贻芳在北京宣布，大亚湾中微子实验发现了一种新的中微子振荡，并测量到其振荡概率。这一重要成果是对物质世界基本规律的一项新的认识，对中微子物理未来发展方向起到了决定性作用，并将有助于破解宇宙中的“反物质消失之谜”。

大亚湾实验项目三号实验大厅，于2011年12月24日开始运行。（新华社记者金良快 摄）

∧ 薛其坤（1963— ），材料物理学家，中国科学院院士，被评为 2016 年度最具影响力的十大“科技创新人物”。图为薛其坤在清华大学的实验室里工作。（新华社记者李文　摄）

首次观测到量子反常霍尔效应

2013 年，由清华大学薛其坤领衔、清华大学物理系和中国科学院物理研究所组成的实验团队从实验上首次观测到量子反常霍尔效应。美国《科学》杂志于 2013 年 3 月 14 日在线发表这一研究成果。

诱导多功能干细胞成功培育出克隆鼠

∧ 图为克隆鼠“小小”3 个月大时的照片。（新华社记者周琪　摄）

中国科学家周琪和曾凡一等人以病毒为载体，向老鼠的成纤维细胞中注入 4 个基因，将其改造为诱导多功能干细胞（iPS 细胞），然后在此基础上培育出一个老鼠胚胎，再把它植入代孕实验鼠的体内。20 天后，一只黑色的小老鼠出生，基因测试确认它是提供成纤维细胞的那只黑鼠的后代。这只首次培育成功的小鼠被命名为“小小”。英国《自然》杂志发布新闻说，中国科学家首次用 iPS 细胞克隆出完整的活体实验鼠，从而首次证实 iPS 细胞与胚胎干细胞一样具有全能性。

快中子实验堆成功并网发电

2011 年 7 月 21 日，我国第一个由快中子引起核裂变反应的中国实验快堆成功实现并网发电。这一国家“863”计划重大项目目标的全面实现，标志着列入《国家中长期科学和技术发展规划纲要（2006—2020）》前沿技术的快堆技术取得重大突破，也标志着我国在占领核能技术制高点、建立可持续发展的先进核能系统上跨出重要一步。

快中子反应堆是世界上第四代先进核能系统的主力堆型。中国实验快堆是我国快中子增殖反应堆发展的第一步。该堆采用先进的池式结构，核热功率 65 兆瓦，实验发电功率 20 兆瓦，是目前世界上为数不多的大功率、具备发电功能的实验快堆，其主要系统设置和参数选择与大型快堆电站相同。实验快堆充分利用固有安全性并采用多种非能动安全技术，安全性已达到第四代核能系统要求。

中国实验快堆外景。（新华社记者 摄）

发现蛋白激酶 GRK5

复旦大学脑科学研究院马兰教授研究团队经过 3 年多研究，发现一种在体内广泛存在的蛋白激酶 GRK5，在神经发育和可塑性中有关键作用。如果小鼠缺乏 GRK5，就会发生神经元形态发育异常，并表现出明显的认知缺陷、记忆力减退、学习能力减弱，而 GRK5 的这一作用与它的蛋白激酶功能无关。

发现铁基高温超导体

在 2013 年国家科学技术奖励大会上，以赵忠贤、陈仙辉、王楠林、闻海虎、方忠为代表的中国科学院物理研究所、中国科学技术大学研究团队因为在“40K 以上铁基高温超导体的发现及若干基本物理性质的研究”中的突出贡献，获得 2013 年度国家自然科学奖一等奖。

超导是 20 世纪最伟大的科学发现之一，指的是某些材料在温度降低到某一临界温

1	2

1. 赵忠贤：中国的“超导”领头羊。（新华社记者金立旺　摄）
2. 施一公（右二）与团队成员讨论论文细节。（新华社记者　摄）

度时，电阻突然消失的现象。具备这种特性的材料称为超导体。物理学家麦克米兰根据传统理论计算推断，超导体的转变温度不能超过 40K（约 −233℃），这个温度也被称为麦克米兰极限温度。该团队首先发现了转变温度 40K 以上的铁基超导体，突破麦克米兰极限温度，确定铁基超导体为新一类高温超导体，接着又发现了系列的 50K 以上的铁基超导体，并创造 55K 的世界纪录。自 1964 年起始终坚持在超导研究领域的赵忠贤院士，在这个团队中发挥了至关重要的作用。

发现阿尔茨海默症分泌酶复合物

2015 年 8 月 18 日，清华大学生命学院施一公教授领导的研究团队在《自然》杂志在线发表题为《人源 γ－分泌酶的原子分辨率结构》（*An atomic structure of human γ-secretase*）的文章，报道了分辨率高达 3.4 埃的人体 γ－分泌酶的电镜结构，并且基于结构分析研究了 γ－分泌酶致病突变体的功能，为理解 γ－分泌酶的工作机制以及阿尔茨海默症的发病机理提供了重要基础。

∧ 中国科学院物理所研究团队合影，从左至右分别为戴希、方忠、翁红明、钱天、丁洪、陈根富。（新华社记者金立旺　摄）

发现外尔费米子

2015 年，由中国科学院物理所方忠研究员带领的团队首次在实验中发现了外尔费米子。是自 1929 年外尔费米子被提出以来，首次在凝聚态物质中证实存在外尔费米子态，具有非常重要的科学意义。科学家认为，这一发现对拓扑电子学和量子计算机等颠覆性技术的突破具有非常重要的意义。该项发现从理论预言到实验观测的全过程，均由我国科学家独立完成。“外尔费米子研究”入选《物理世界》“2015 年十大突破”。

实现多自由度量子体系的隐形传态

中国科学技术大学潘建伟及其同事陆朝阳、刘乃乐等组成的研究小组在国际上首次成功实现多自由度量子体系的隐形传态。2015 年 2 月 26 日出版的《自然》杂志以封面标题的形式发表了这一最新研究成果。这是自 1997 年国际上首次实现单一自由度量子隐形传态以来，科学家经过 18 年努力在量子信息实验研究领域取得的又一重要突破，为发展可扩展的量子计算和量子网络技术奠定了坚实的基础。

∧ 潘建伟在中国科学技术大学上海研究院的实验室里调试设备。（新华社记者张端 摄）

生物医学发展改善民生福祉

“十二五”期间，生物医学的创新为改善民生福祉提供了有力保障：全球首个生物工程角膜艾欣瞳上市；全球首个基因突变型埃博拉疫苗境外开展临床试验；预防手足口病的灭活脊髓灰质炎疫苗研制成功；阿帕替尼、西达本胺等抗肿瘤新药成功上市，为缓解“看病难、看病贵”发挥了重要作用。

产生反物质——超快正电子源

2016 年 3 月 10 日，中国科学院上海光机所强场激光物理重点实验室宣布其利用超强超短激光成功产生了反物质——超快正电子源，这也是我国科学家首次利用激光成功产生反物质，这一发现将在材料的无损探测、激光驱动正负电子对撞机、癌症诊断等领域具有重大应用。

（二）重大装备和战略产品取得重大突破

“十二五”时期，我国高速铁路、水电装备、特高压输变电、杂交水稻、第四代移动通信（4G）、对地观测卫星、北斗导航、电动汽车等重大装备和战略产品取得重大突破，部分产品和技术开始走向世界。

高速铁路快速发展

自2008年8月1日中国第一条350千米/小时的高速铁路——京津城际铁路开通运营以来，中国的高速铁路规模迅猛扩大。按照国家中长期铁路网规划和铁路“十一五”“十二五”规划，以“四纵四横”快速客运网为主骨架的高速铁路建设全面加

∧ 2012年12月1日，首列由大连北站开往哈尔滨西站的D501次和谐号动车组上线运营。哈大高铁是中国首条、同时也是世界上第一条投入运营的新建高寒地区的高速铁路。（新华社记者　摄）

快推进，建成了京津、沪宁、京沪、京广、哈大等一批设计时速 350 千米、具有世界先进水平的高速铁路，形成了比较完善的高铁技术体系。通过引进消化吸收再创新，系统掌握了时速 200 ~ 250 千米动车组制造技术，成功搭建了时速 350 千米的动车组技术平台，研制生产了 CRH380 型新一代高速列车。

水电装备加快建设

“十二五”水电科技重点任务，一是构建国家水电科技创新体系，提升我国水电科技自主创新能力；二是立足自主创新，加大战略性科技攻关投入，通过重大技术研究、重大装备研发，解决水电资源“安全、高效”开发与利用的技术瓶颈，带动生产力的跨越式发展，提升行业整体竞争能力；三是组织开展生态修复技术研究与工程示范，科学处理水电开发与生态环境之间的关系，开发建设生态友好的水电工程。

2014 年 7 月 10 日，我国第三大水电站向家坝水电站的最后一台机组正式投产运行。至此，金沙江下游的溪洛渡、向家坝两座大型水电站实现全部投产，装机容量达到 2026 万千瓦，接近三峡电站装机容量。作为国家西电东送骨干电源项目，两座电站作为一组电源，源源不断地将清洁能源送入华东、华中和南方电网，并兼顾四川和云南两

1	2

1. 向家坝水电站。（新华社记者 摄）
2. 工作人员在锦苏线长江大跨越铁塔上进行高空铁塔组立。（新华社记者李方宇 摄）

省的枯水期用电需求；设计年均发电量 880 亿千瓦·时，相当于从金沙江“捞起”了 3300 多万吨标准煤，可减少排放二氧化碳超过 7500 万吨、二氧化硫约 90 万吨、氮氧化物约 39 万吨。

全面掌握特高压输变电技术

2013 年 1 月 18 日，在北京举行的 2012 年度国家科学技术奖励大会上，由国家电网公司等 100 多家单位近 5 万人参与研发和建设的“特高压交流输电关键技术、成套设备及工程应用”项目，获得国家科学技术进步奖特等奖。该项目的完成，标志着我国已全面掌握了特高压核心技术。项目实施过程中制定了完善的特高压标准体系和规范，实现了“中国制造”和“中国引领”，提升了中国电力装备制造业的国际竞争力。

∧ 袁隆平带各国朋友参观试验田。（新华社记者赵众志 摄）

超级稻三期获重大突破

水稻是我国最主要的粮食作物之一，依靠科技进步继续大幅度提高水稻单产，是解决粮食安全问题的重要选择。农业部于 1996 年启动“中国超级稻育种与栽培技术体系研究”重大科技计划，2005 年国家“863”计划启动了第三期超级杂交稻研究，目标是到 2015 年育成单产达 $13.5t/hm^2$ 的超级杂交稻新品种。2011 年 9 月 18 日，经国家农业部专家组现场测产验收，在湖南省隆回县羊古坳乡种植的百亩连片“Y 两优 2 号”平均单产达到 $13.9t/hm^2$，标志着我国第 3 期超级杂交稻育种比原计划提前 4 年获得重大突破，被评为“2011 年度中国十大科技进展”。

对地观测卫星

我国已形成以资源系列地球资源卫星、风云系列气象卫星、海洋系列海洋监测卫星和环境系列环境与灾害监测小卫星星座等组成的民用航天基础设施。

（1）资源系列卫星

2012 年 1 月 9 日，资源三号（ZY-3）卫星在太原卫星发射中心由长征四号乙运载火箭成功发射升空。1 月 11 日，资源三号卫星顺利传回第一批高精度立体影像及高分辨率多光谱图像，影像覆盖黑龙江、吉林、辽宁、山东、江苏、浙江、福建等地区，共约 21 万平方千米。2012 年 4 月 20 日，完成卫星在轨测试工作。资源三号卫星是中国第一颗自主的民用高分辨率立体测绘卫星，通过立体观测，可以测制 1∶5 万比例尺地形图，为国土资源、农业、林业等领域提供服务，填补了我国立体测图这一领域的空白，具有里程碑意义。

（2）中国高分辨率对地观测系统

高分一号卫星于 2013 年 4 月 26 日在酒泉卫星发射中心由长征二号丁运载火箭成功发射。高分一号是一枚高分辨率对地观测卫星，其配置了两台 2 米分辨率全色、8 米分辨率多光谱相机和 4 台 16 米分辨率多光谱宽幅相机。高分卫星系统突破了空间分辨率、多光谱与大覆盖面积相结合的大量关键技术。

2014 年 8 月 19 日，高分二号卫星在太原卫星发射中心用长征四号乙运载火箭成功发射，并顺利进入预定轨道。高分二号卫星的空间分辨率优于 1 米，同时还具有高辐射精度、高定位精度和快速姿态机动能力等特点。这标志着中国遥感卫星进入亚米级“高分时代”。

2016 年 8 月 10 日，我国首颗 1 米分辨率 C 频段多极化合成孔径雷达卫星——高分三号卫星成功进入太空，正式开启了它的使命之旅。高分三号是我国首颗多极化合成孔径雷达（SAR）卫星，能提供最高 1 米分辨率的遥感成像，是世界上分辨率最高的 C 频段多极化 SAR 卫星。高分三号卫星的发射和应用，把我国高分系统建设由可见光、热红外、远红外带入到微波辐射区，迎来了卫星微波遥感应用的新时代。

2015 年 12 月 29 日，我国在西昌卫星发射中心用长征三号乙运载火箭成功发射高分四号卫星。这是中国首颗地球同步轨道高分辨率遥感卫星。高分四号卫星定点于地球同步轨道，位于赤道上空。它利用与地球同步、相对于地球静止的优势，能够对目标区域长期“凝视”，获取动态变化过程数据，执行诸如森林火情监视等近实时应急任务。作为“高分辨率对地观测系统”国家重大科技专项的一颗重要卫星，高分四号卫星的研制发射，将大幅提高中国遥感卫星整体设计水平及高性能遥感光学有效载荷技术水平，开辟中国高轨高分辨率对地观测技术的新领域，大幅提升中国天基对地遥感观测能力。

（3）风云系列卫星

中国于 1977 年开始研制气象卫星，1988 年、1990 年和 1999 年先后发射了 3 颗第一代极轨气象卫星，即风云一号 A、B 和 C 气象卫星。1997 年和 2000 年又先后发射了两颗静止轨道风云二号气象卫星，组成了中国气象卫星业务监测系统，成为继美、俄之后世界上同时拥有两种轨道气象卫星的国家。2008 年 5 月 27 日，中国成功发射风云三号 A 星新一代极轨气象卫星，具有全球、全天候、三维、定量、多光谱遥感监测能力，实现了中国气象卫星从单一遥感成像到地球环境综合探测、从光学遥感到微波遥感、从公里级分辨率到百米级分辨率、从国内接收到极地接收的四大技术突破。2016年12月11日，我国在西昌卫星发射中心用长征三号乙运载火箭成功发射风云四号卫星（01星）。这不仅意味着中国未来的天气监测与预报预警将更为准确，而且也代表着中国在气象卫星这一高端领域已经达到世界先进水平。

（4）海洋系列卫星

2011年8月16日6时57分，载有海洋二号卫星的长征四号乙运载火箭从太原卫星发射中心点火升空。海洋二号卫星是中国第一颗海洋动力环境监测卫星，主要任务是监测和调查海洋环境，是海洋防灾减灾的重要监测手段，可直接为灾害性海况预警报和国民经济建设服务，并为海洋科学研究、海洋环境预报和全球气候变化研究提供卫星遥感信息。

截至2016年年底，已经发射海洋一号A/B星、海洋二号卫星，具备了海洋动力环境观测能力，在海洋生物资源调查、海洋环境监测等领域开展了广泛应用。

（5）环境与灾害监测系列卫星

环境与灾害监测预报小卫星星座是中国为适应环境监测和防灾减灾新的形式和要求所提出的遥感卫星星座计划。根据灾害和环境保护业务工作的需求，环境与灾害监测预报小卫星星座由具有中高空间分辨率、高时间分辨率、高光谱分辨率、宽观测幅宽性能，能综合运用可见光、红外与微波遥感等观测手段的光学卫星和合成孔径雷达卫星共同组成，以满足灾害和环境监测预报对时间、空间、光谱分辨率以及全天候、全天时的观测需求。

“4+3”环境与灾害监测预报小卫星星座，具备中分辨率、宽覆盖、高重访的灾害监测能力，为灾前风险预警、灾害应急监测和评估和灾后救助与恢复重建提供决策支持。

建成北斗二号卫星导航系统

在2017年国家科学技术奖励大会上，北斗二号卫星工程荣获国家科学技术进步奖特等奖。北斗二号卫星工程是国家科技重大专项，是我国北斗卫星导航系统建设“三步走”发展战略承前启后的关键一步，其任务是建成覆盖亚太地区的北斗二号卫星导航系统，满足我国经济社会发展和国防军队建设急需，保障国家安全和战略利益。工程于2004年8月立项，历时8年完成研制建设，建成了由16颗组网卫星和32个地面站天地协同组网运行的北斗二号卫星导航系统，并于2012年12月正式向亚太地区提供导航、定位、授时和短报文通信服务，服务区内系统性能与国外同类系统相当，达到同期国际先进水平。

海洋石油981钻井平台正式开钻

海洋石油981深水半潜式钻井平台于2008年4月28日开工建造，是中国首座自主设计、建造的第六代深水半潜式钻井平台。该平台的建成，标志着中国在海洋工程装

∧ 北斗卫星导航工程总设计师孙家栋在西昌卫星发射中心坐镇指挥北斗导航系统第七颗卫星上天。孙家栋（1929— ），中国人造卫星技术和深空探测技术的开创者之一，中国科学院院士。（新华社记者李明放 摄）

备领域已经具备了自主研发能力和国际竞争能力。2012 年 5 月 9 日，“海洋石油 981”在南海海域正式开钻，标志着中国海洋石油工业的深水战略迈出了实质性的步伐。

首座超导变电站投入运行

2011 年 4 月 20 日，由我国完全自主研制的世界首座超导变电站在甘肃省白银市正式投入电网运行。这个目前世界上唯一的配电级全超导变电站创造了多项世界和中国第一，标志着我国超导电力技术取得重大突破。与传统变电站相比，超导变电站在大幅提高电网供电可靠性和安全性、改善供电质量、提高传输容量及降低传输损耗等方面发挥重要而不可替代的作用。

这个变电站的运行电压等级为 10.5 千瓦，集成了超导储能系统、超导限流器、超导变压器和三相交流高温超导电缆等多种新型超导电力装置，可大幅改善电网安全性和供电质量，有效降低系统损耗，减少占地面积。

1
2

1. 钻井工人在安装水下防喷器控制电缆卡子。（新华社记者赵亮　摄）
2. 海洋石油 981 钻井平台。（新华社记者金良快　摄）

成功开发激光快速制造装备

2011年，华中科技大学史玉升科研团队成功开发成形空间为1.2米×1.2米、基于粉末床的激光烧结快速制造装备。该装备已成功应用到航空航天、汽车发动机等多种高端领域，为我国企业高端技术的创新研发发挥重要作用。由于快速制造技术最大的优点是对于制件的几何形状几乎没有约束，有望对航空航天、武器装备、汽车等动力装备等结构复杂的高端制造领域带来革命性的影响。

亚洲最大可转动射电望远镜正式落成

2012年10月28日，亚洲最大的全方位可转动射电望远镜在上海天文台正式落成。这台射电望远镜的综合性能排名亚洲第一、世界第四，能够观测100多亿光年以外的天体，参与了我国探月工程及各项深空探测。

∨ 位于上海松江天马山的65米口径射电望远镜在工作。（新华社记者裴鑫 摄）

∧ 哈佛“八博士”：王文超、张欣、张钠、王俊峰、刘青松、刘静、林文楚、任涛（从左至右）齐聚合肥科学岛，建起世界上最先进的强磁场实验装置——中国科学院合肥物质科学研究院强磁场科学中心。（新华社记者郭晨　摄）

（三）科技体制改革

“十二五”期间，围绕资源配置、计划管理改革、科技成果转化和人才评价等方面，中央系统推进科技体制改革，取得了四大突破。一是全社会科技资源配置方式发生重大变化，经济新动能不断产生；二是科技管理改革取得重要突破，中央财政经费更多地聚焦到基础研究、战略前沿、社会公益和重大项目等方面；三是破除科技成果转化制度障碍；四是人才发展环境进一步优化，院士制度改革有序推进，千人计划、万人计划等人才计划有力促进高端人才引进和培养，科研人员的年轻化取得很大进步，人才使用、培养和激励机制不断完善。

（四）国际科技合作深入开展

“十二五”期间，中国科技创新实力显著提升，国际创新合作发展也十分迅速，对科技创新的支撑作用明显。中国国际科技合作形态也在发生着历史性转变，国际合作与科技创新发展的关系正从“被动跟随、服务辅佐”向“主动布局、支撑引领”转变。

共享单车驶入德国柏林。（新华社记者单宇琦 摄）

国家科技评估中心发布的《中国国际科技合作现状报告》显示，2006—2015 年，中国的科研合作中心度由全球第十位上升到第七位，中国在全球科研合作的规模由第六位上升到第四位。中国正在以积极的科技创新合作，来促进世界经济的复苏和增长，向世界发出“中国的声音”。

同时，中国通过双边渠道启动了一系列科技伙伴计划，与发展中国家共享科技发展的经验和成果。2001—2015 年，中国累计培训了来自 120 多个发展中国家的近万名科技人员。习近平主席 2015 年 9 月出席联合国系列峰会期间，宣布了推动全球发展事业的一系列重大举措。这将为推动各国科技合作、有效落实发展议程做出积极贡献。

（五）创新创业生态不断优化

“十二五”期间，全社会创新创业生态不断优化，国家自主创新示范区和高新技术产业开发区成为创新创业重要载体。《中华人民共和国促进科技成果转化法》修订实施，打通了科技与经济结合的通道，促进大众创业、万众创新，鼓励研究开发机构、高等院校、企业等创新主体及科技人员转移转化科技成果，推进经济提质增效升级，企业研发费用加计扣除等政策落实成效明显，科技与金融结合更加紧密。公民科学素质稳步提升，全社会创新意识和创新活力显著增强。

^ 2012年的中关村街道。（新华社　发）

中关村国家自主创新示范区

北京市海淀区是国家首批双创示范基地，高新技术产业在全区GDP中占比60%以上。作为科技创新改革的“试验田”，从“中关村电子一条街”到“新技术产业开发试验区”，从第一个国家级高新区到全国第一个自主创新示范区，中关村紧跟技术革命浪潮，突破体制机制束缚，走出了一条敢为人先、矢志创新之路。

武汉东湖国家自主创新示范区

被誉为“中国光谷”的武汉东湖示范区是我国继中关村之后的第二个国家自主创新示范区。这里汇集了近百所高校和科研院所、30多个国家级重点实验室，还有代表亚洲光电技术最高水平的国家光电实验室。东湖示范区坚持走自主创新之路，通过培育

位于武汉的烽火通信科技股份有限公司的光纤光缆生产线。（新华社记者 程敏 摄）

高新技术企业，发展新兴产业，形成了以光电子信息产业为核心以及生物医药、能源环保、地球空间信息的高科技产业集群。目前，区内共有 2 万多家高新技术企业，2012 年实现了 5006 亿元的总收入，主要经济指标保持年均 30％的增长。

二、以科技创新为引领开拓发展新境界
——《“十三五”国家科技创新规划》的实施

2016 年 5 月 30 日上午，全国科技创新大会、中国科学院第十八次院士大会和中国工程院第十三次院士大会、中国科学技术协会第九次全国代表大会在人民大会堂隆重召开。

会上，习近平总书记发表重要讲话强调，科技是国之利器，国家赖之以强，企业赖之以赢，人民生活赖之以好。中国要强，中国人民生活要好，必须有强大科技。新时期、新形势、新任务，要求我们在科技创新方面有新理念、新设计、新战略。实现“两个一百年”奋斗目标，实现中华民族伟大复兴的中国梦，必须坚持走中国特色自主创新道路，加快各领域科技创新，掌握全球科技竞争先机。这是我们提出建设世界科技强国的出发点。

《“十三五”国家科技创新规划》（简称《“十三五”科技规划》），依据《中华人民共和国国民经济和社会发展第十三个五年规划纲要》《国家创新驱动发展战略纲要》和《国家中长期科学和技术发展规划纲要（2006—2020 年）》编制，是国家在科技创新领域的重点专项规划，为我国迈进创新型国家行列的行动指南。

“十三五”时期是全面建成小康社会和进入创新型国家行列的决胜阶段，是深入实施创新驱动发展战略、全面深化科技体制改革的关键时期，必须认真贯彻落实党中央、国务院决策部署，面向全球、立足全局，深刻认识并准确把握经济发展新常态的新要求和国内外科技创新的新趋势，系统谋划创新发展新路径，以科技创新为引领开拓发展新境界，加速迈进创新型国家行列，加快建设世界科技强国。

（一）创新引领中国制造

制造业是国民经济的主体，是立国之本、兴国之器、强国之基。实体经济是国家经济的本质力量，要发展制造业，尤其要发展好先进制造业。十八大以来，在创新、协调、绿色、开放、共享的发展理念的引领下，我国全面实施制造强国战略，深入推进供给侧结构性改革，以创新驱动、提质增效为主，大力发展新技术、新产业、新业态、新模式，开拓中国制造发展的崭新局面。

FAST 落成

被誉为“中国天眼”的 500 米口径球面射电望远镜（Five-hundred-meter Aperture Spherical Radio Telescope，FAST）是世界最大单口径、最灵敏的射电望远镜，于 2016 年 9 月在贵州落成。FAST 工程由主动反射面系统、馈源支撑系统、测量与控制系统、接收机与终端及观测基地等几大部分构成。截至 2018 年 9 月 12 日，500 米口径球面射电望远镜已发现 59 颗优质的脉冲星候选体，其中有 44 颗已被确认为新发现的脉冲星。

1.“中国天眼”全景。（FAST 工程办公室供图）

2.“天眼之父”南仁东。南仁东（1945—2017），天文学家，FAST 工程首席科学家、总工程师。（新华社记者金立旺　摄）

世界首台超越早期经典计算机的光量子计算机诞生

2017 年 5 月 3 日，中国科学技术大学潘建伟院士在上海宣布，我国科研团队成功构建的光量子计算机，首次演示了超越早期经典计算机的量子计算能力。实验测试表明，该原型机的取样速度比国际同行类似的实验加快至少 24000 倍，通过和经典算法比较，也比人类历史上第一台电子管计算机和第一台晶体管计算机运行速度快 10 ~ 100 倍。

∨ 中国科学技术大学师生在中国科学院量子信息和量子科技创新研究院上海实验室检查光量子计算机的运行情况。（新华社记者金立旺　摄）

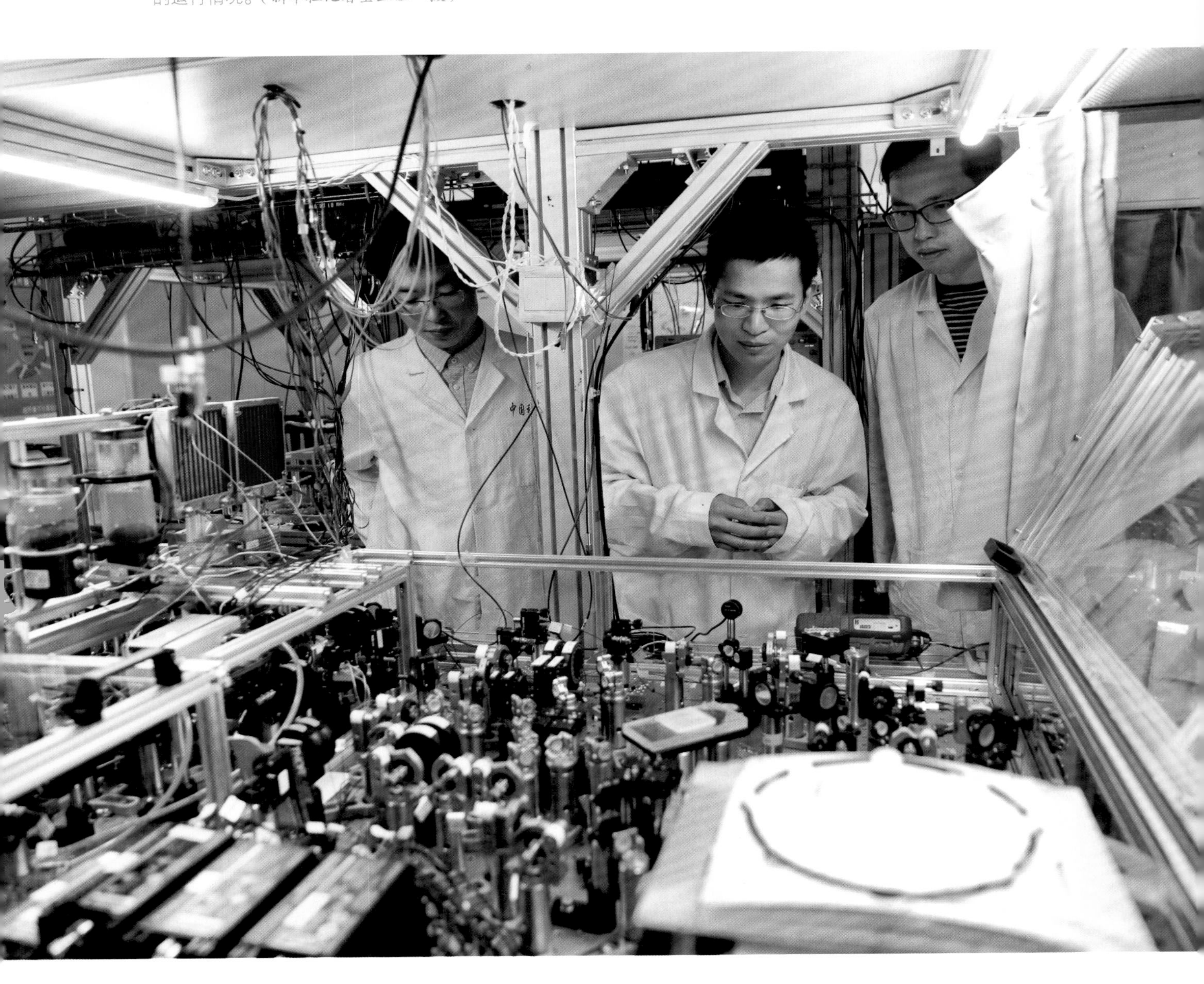

∧ 2019 年 6 月 6 日，工业和信息化部正式向中国电信、中国移动、中国联通、中国广电发放 5G 商用牌照，批准 4 家企业经营第五代数字蜂窝移动通信业务。中国成为继韩国、美国、瑞士、英国之后第五个宣布 5G 商用的国家，正式进入 5G 商用元年。（新华社记者沈伯韩　摄）

第五代移动通信（5G）技术取得突破性成果

2016 年 4 月 19 日，习近平总书记在网络安全和信息化工作座谈会上发表重要讲话，强调核心技术受制于人是最大隐患，要掌握我国互联网发展主动权，保障互联网安全、国家安全，就必须突破核心技术难题，争取实现“弯道超车”。《“十三五”科技规划》中提到，在“十三五”期间，要开展第五代移动通信（5G）关键核心技术和国际标准以及 5G 芯片、终端及系统设备等关键产品研制，重点推进 5G 技术标准和生态系统构建，支持 4G 增强技术的芯片、仪表等技术薄弱环节的攻关，形成完整的宽带无线移动通信产业链，保持与国际先进水平同步发展，推动我国成为宽带无线移动通信技术、标准、产业、服务与应用领域的领先国家之一。以网络融合化发展为主线，突破一体化融合网络组网、超高速和超宽带通信与网络支撑等核心关键技术，在芯片、成套网络设备、网络体系结构等方面取得一批突破性成果，超前部署下一代网络技术，大幅提升网络产业国际竞争力。

大力发展高档数控机床和机器人

《“十三五”科技规划》中提出，重点发展大数据驱动的类人智能技术方法；突破以人为中心的人机物融合理论方法和关键技术，研制相关设备、工具和平台；在基于大数据分析的类人智能方向取得重要突破，实现类人视觉、类人听觉、类人语言和类人思维，支撑智能产业的发展。2017 年 7 月 8 日，国务院印发的《新一代人工智能发展规划》中提到，人工智能是引领未来的战略性技术，我国必须放眼全球，把人工智能发展放在国家战略层面系统布局、主动谋划，牢牢把握人工智能发展新阶段国际竞争的战略主动，打造竞争新优势、开拓发展新空间，有效保障国家安全。

我国要秉承科技引领、系统布局、市场主导、开源开放的原则，立足国家发展全局，准确把握全球人工智能发展态势，找准突破口和主攻方向，全面增强科技创新基础能力，全面拓展重点领域应用深度广度，全面提升经济社会发展和国防应用智能化水平。

C919 大型客机首飞成功

C919 大型客机（COMAC C919）是中国首款按照最新国际适航标准，与美、法等国企业合作研制组装的干线民用飞机，于 2008 年开始研制。其中，C 是 China 的首字母，也是商飞英文缩写 COMAC 的首字母，第一个“9”的寓意是天长地久，“19”

1 | 2

1. 图为在北京举行的 2017 年世界机器人大会上展出的智能交通系统模型。（新华社记者李欣　摄）
2. 2019 年 5 月 31 日，动车组检测机器人在上海动车段上海虹桥动车运用所投入使用。这套系统可全自动检测所有型号动车组车底和转向架可视部件，具备数据无线传输以及故障自动判断功能。（新华社记者陈飞　摄）

代表的是中国首型大型客机最大载客量为 190 座。C919 大型客机是建设创新型国家的标志性工程，机体具有完全自主知识产权。

∧ 中国商飞开展全球协同制造，实现数百万零部件协同生产和机载系统协同研制，通过“互联网 + 协同制造”生产 C919 客机。2017年5月5日，C919 客机首飞成功。（新华社记者方喆　摄）

“鲲龙”AG600 成功实现水上首飞

“鲲能化羽垂天，抟风九万；龙可振鳞横海，击水三千。”2018 年 10 月 20 日，中国自主研制的大型水陆两栖飞机——“鲲龙”AG600 在湖北荆门漳河机场成功实现水上首飞。至此，中国大飞机终于迈出“上天入海”完整步伐，建设航空强国轮廓愈发明晰。

国产大型水陆两栖飞机 AG600 水上首飞。（新华社记者程敏　摄）>

构建海洋工程装备及高技术船舶

2017年4月26日，山东号航空母舰（简称山东舰）出坞下水。山东舰舰长315米、宽75米，排水量接近7万吨，最大航速31节，可搭载36架歼－15舰载机，采用与辽宁舰类似的滑跃起飞方式。山东舰由中国自行改进研发而成，是真正意义上的第一艘国产航空母舰。

∨ 2017 年 4 月 26 日，中国首艘国产航母山东舰的下水仪式在中国船舶重工集团公司大连造船厂举行。图为山东舰在拖曳牵引下缓缓移出船坞，停靠码头。（新华社记者李刚　摄）

大力发展先进轨道交通装备

高铁动车体现了中国装备制造业水平，在“走出去”“一带一路”建设方面也是“抢手货”，是一张亮丽的名片。十八大以来，我国加快构筑适度超前、安全高效、互联互通的一体化现代基础设施网络，大批关系到国计民生的重点建设项目相继竣工投产。多节点、全覆盖的综合交通运输网络初步形成。截至 2018 年年底，中国高铁营业里程达到 2.9 万千米以上，超过世界高铁总里程的三分之二，中国已建成世界上规模最大、运营速度最快、具有完全知识产权的高速铁路网络。

2017 年 6 月 25 日，由中国铁路总公司牵头组织研制、具有完全自主知识产权、达到世界先进水平的中国标准动车组被命名为“复兴号”，图为命名仪式在北京举行。（新华社记者邢广利　摄）

大力发展节能与新能源汽车

中国是全球汽车市场的重要组成部分，目前仍有较大的增长空间。汽车技术正朝着低碳化、信息化、智能化方向发展。2015 年 12 月 12 日在巴黎气候变化大会上通过的《巴黎协定》是全球气候大会历史性的突破，我国在世界上也作出了郑重承诺。从碳排放总量的角度看，优化车辆排放、促进节能减排是主要举措。而在推动汽车低碳化上，主要是通过统筹新能源汽车全生命周期各个环节的节能减排，包括整车技术、动力技术的提升，推进汽车低碳能源和低碳制造。

∨ 我国自主研发的新能源汽车和充电桩展品。（新华社记者毛思倩　摄）

^ 全国首台AP1000三代核电机组安全壳封顶。（新华社记者 摄）

积极构建新型电力装备

（1）AP1000机组

2018年4月25日，全球首台AP1000核电机组——浙江省台州市三门核电厂1号机组获准装料。同年9月21日，三门核电厂1号机组顺利完成168小时满功率连续运行考核，机组具备投入商业运行条件，这也是全球首台具备商运条件的AP1000核电机组。

（2）华龙一号

华龙一号是由中国核工业集团公司和中国广核集团在我国30余年核电科研、设计、制造、建设和运行经验的基础上，根据我国和全球最新安全要求，研发的先进百万千瓦级压水堆核电技术。2019年4月27日，华龙一号全球首堆、中核集团福清核电站5号机组一回路水压试验正式启动。这标志着该机组提前50天启动冷态功能试验，由安装阶段全面转入调试阶段。

1

2

1. 福清核电站5号机组在进行穹顶吊装。（新华社记者姜克红　摄）

2. 华龙一号首台核能发电机研制成功。（新华社记者　摄）

2011 年 9 月 17 日，在黑龙江现代农业装备基地，工作人员将生产的东方红牌拖拉机开下生产线。（新华社记者卢烨 摄）

提高农机装备国产化水平

2011 年，中国机械工业集团有限公司中国一拖（简称中国一拖）黑龙江现代农业装备基地生产的首台具有自主知识产权、国内最大功率的东方红拖拉机在齐齐哈尔缓缓驶下总装线，标志着中国已具备大马力拖拉机的制造能力，从而打破了我国在重型农机装备领域被国外垄断的局面，大大提升了农机装备国产化水平。中国一拖实现了中国农机工业技术的多次创新突破，在深耕国内市场的同时，努力拓展海外市场，产品远销全球 100 多个国家和地区。特别是“一带一路”倡议提出以来，中国一拖借助这条经济新通道，将越来越多的中国农机装备推向全球市场。

中国散裂中子源（CSNS）项目正式运行

2018 年 8 月 23 日，国家重大科技基础设施——中国散裂中子源（CSNS）项目顺利通过国家验收并投入正式运行。中国散裂中子源是我国“十一五”期间重点建设的十二大科学装置之首，是国际前沿的高科技多学科应用的大型研究平台。该项目由中国科学院和广东省人民政府共同建设。建成后的中国散裂中子源成为中国首台、世界上第四台脉冲式散裂中子源。

该项目将为我国在物理学、化学、生命科学、材料科学、纳米科学、医药、国防科研和新型核能开发等学科前沿领域的研究提供一个先进、功能强大的科研平台，填补了国内脉冲中子应用领域的空白。

1. 俯瞰中国散裂中子源。（中国科学院高能物理研究所　供图）
2. 中国散裂中子源快循环质子同步加速器。（中国科学院高能物理研究所　供图）

< 克隆猴“中中”和“华华”在中国科学院神经科学研究所非人灵长类平台育婴室的恒温箱里得到精心照料。（新华社记者金立旺 摄）

生物医药取得进展

（1）克隆猴“中中”和“华华”的诞生

2017 年 11—12 月，两只克隆猴在中国诞生。

自 1996 年第一只克隆羊“多利”诞生以来，20 多年间，各国科学家利用体细胞先后克隆了牛、鼠、猫、狗等动物，但一直没有克服与人类最相近的非人灵长类动物克隆的难题。科学家曾普遍认为现有技术无法克隆灵长类动物。中国科学院神经科学研究所孙强团队经过 5 年努力，成功突破了这个世界生物学前沿难题。

（2）13 年磨一剑，小麦遗传信息破译完成

2018 年 8 月 16 日，以小麦模式品种“中国春”为遗传信息参考序列的基因组图谱绘制计划顺利完成，并发表在美国《科学》杂志上。该计划对小麦的 21 条染色体序列进行测序分析，对 107891 个基因进行了精确位置，获得了超过 400 万个分子标记以及影响基因表达的序列信息。该计划由成立于 2005 年的国际小麦基因组测序协会组织实施，来自全球 20 个国家、73 个研究机构的 200 多名科学家参与了小麦基因组图谱的绘制。

小麦与水稻、玉米并称为全球三大粮食作物，但由于其基因组的高度复杂性，一直未能破译。因此，这项里程碑式的工作再次证明通过国际合作推进粮食安全的重要性，同时为今后大型、复杂的植物基因组测序工作提供了范例，为进一步开展小麦抗病及育种方面的科研提供了依据。小麦基因组图谱的绘制完成，为培育产量更高、营养更丰富、气候适应性更强的小麦品种奠定了基础。利用该图谱对小麦遗传性状进行改良势必成为解决全球人口对小麦产量需求不断增长的重要办法之一。

（二）航天强国

《"十三五"科技规划》中，将高分辨率对地观测系统和载人航天与探月工程列为国家科技重大专项，并提出具体目标。高分辨率对地观测系统：完成天基和航空观测系统、地面系统、应用系统建设，基本建成陆地、大气、海洋对地观测系统并形成体系。载人航天与探月工程：发射新型大推力运载火箭，发射天宫二号空间实验室、空间站试验核心舱，载人飞船和货运飞船；掌握货物运输、航天员中长期驻留等技术，为全面建成我国近地载人空间站奠定基础。突破全月球到达、高数据率通信、高精度导航定位、月球资源开发等关键技术。突破地外天体自动返回技术，研制发射月球采样返回器技术，实现特定区域软着陆并采样返回。

天宫二号顺利升空

天宫二号空间实验室是继天宫一号后中国自主研发的第二个空间实验室，于 2016 年 9 月 15 日在酒泉卫星发射中心成功发射升空，用于进一步验证空间交会对接技术及

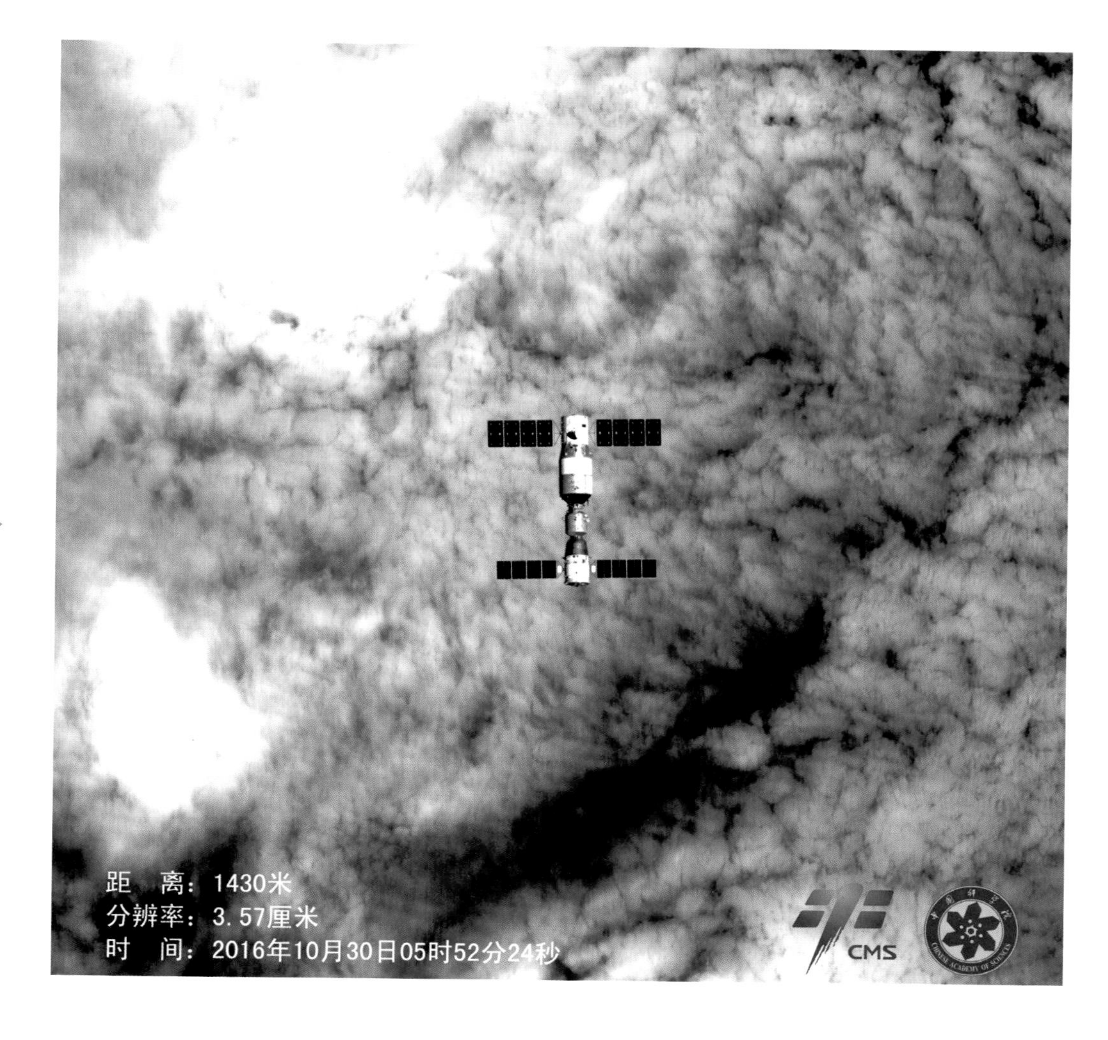

2016 年 10 月 30 日，天宫二号伴随卫星的可见光相机拍摄的天宫二号与神舟十一号组合形态。这是自 2008 年伴星一号观测神舟七号飞船以来，我国第二次在空间近距离获得载人航天器的全景高分辨率图像。（中国科学院　供图）

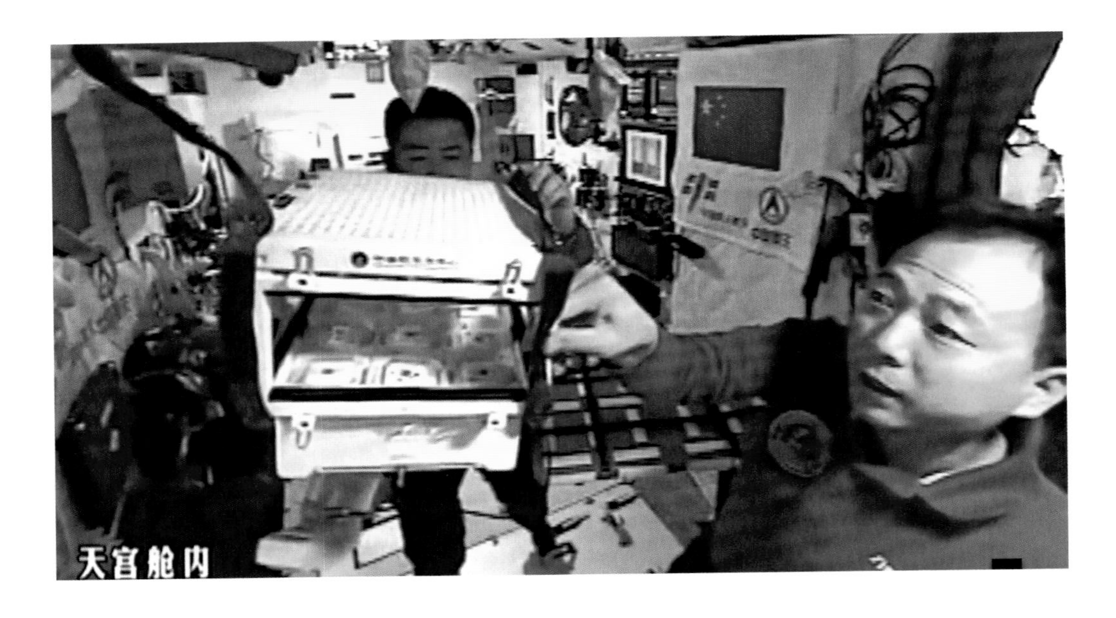

2016 年 11 月 11 日，航天员景海鹏（右）在天宫二号介绍太空中的植物栽培情况。（中国航天员中心　供图）

进行一系列空间试验。同年 10 月 17 日，神舟十一号飞船在酒泉卫星发射中心成功发射升空，并与天宫二号实现交会对接形成组合体。随后，航天员进驻天宫二号，在轨飞行 30 天，按照飞行手册、操作指南和地面指令进行工作和生活，按计划开展有关科学实验。

发射新型运载火箭

（1）长征七号运载火箭成功首发

长征七号运载火箭是中国运载火箭技术研究院（航天一院）为总体研制单位研制的新型液体燃料运载火箭，是中国载人航天工程为发射货运飞船而全新研制的新一代中型运载火箭。其前身是长征二号 F 型运载火箭。长征七号采用“两级半”构型，箭体总长 53.1 米，芯级直径 3.35 米，捆绑 4 个直径 2.25 米的助推器。近地轨道运载能力不低于 14 吨，700 千米太阳同步轨道运载能力达 5.5 吨。2016 年 6 月 25 日，从中国文昌卫星发射中心首次成功发射，这也是文昌卫星发射中心的首次发射任务。

文昌卫星发射中心位于中国海南省文昌市龙楼镇，是中国首个滨海发射基地，也是世界上为数不多的低纬度发射场之一。该发射中心可以发射长征五号系列火箭与长征七号运载火箭，主要承担地球同步轨道卫星、大质量极轨卫星、大吨位空间站和深空探测卫星等航天器的发射任务。

（2）长征五号发射成功

长征五号系列运载火箭是中国运载火箭技术研究院研制的新一代运载火箭中芯级直径为 5 米的火箭系列，属于无毒、无污染、高性能、低成本、大推力的大型液体运载火箭。长征五号系列运载火箭设计以通用化、系列化、组合化为重点，采用“一级半”或“二级半”结构，运载能力达到近地轨道 25 吨，地球同步转移轨道 14 吨，与

欧洲阿丽亚娜 -5 运载火箭基本同级。2016 年 11 月 3 日，长征五号在文昌航天发射场点火升空。

长征五号运载火箭。(新华社记者张文军 摄)

（3）长征十一号成功首发

长征十一号运载火箭是中国航天科技集团中国运载火箭技术研究院研制的小型全固体燃料运载火箭，可以提高其快速进入空间、应急发射的能力。长征十一号运载火箭发射周期不超过 72 小时，最短发射时间在 24 小时以内。该系统由固体运载火箭、发射支持系统组成，起飞推力 120 吨。2015 年 9 月 25 日，长征十一号运载火箭在酒泉卫星发射中心首飞成功。

∧ 我国首次固体运载火箭海上发射技术试验取得成功。（新华社记者朱峥　摄）

2019 年 6 月 5 日，我国在黄海海域用长征十一号海射运载火箭，将技术试验卫星捕风一号 A、B 星及五颗商业卫星顺利送入预定轨道，试验取得成功。这是我国首次在海上实施运载火箭发射技术试验。

悟空号首批探测成果

2015 年 12 月 17 日，中国自主研发的暗物质粒子探测卫星——悟空号成功发射，发射的目的就是让它去寻找宇宙中一种既看不见也摸不着的神秘东西——暗物质。2017

< 在中国科学院紫金山天文台，暗物质粒子探测卫星首席科学家常进（中）和同事范一中（左）、伍健（右）在悟空号获取的电子宇宙射线能谱图前合影。（新华社记者李春鹏　摄）

年 11 月 30 日,《自然》杂志发表了中国科学家通过悟空号获得的首批重要成果。中国科学家已经从自然科学前沿重大发现和理论的学习者、继承者、围观者，逐渐走到舞台中央。

发射首颗量子通信卫星

2016 年 8 月 16 日，由中国科学技术大学主导研制的世界首颗量子科学实验卫星墨子号在酒泉卫星发射中心用长征二号丁运载火箭成功发射升空。此次发射的量子科学实验卫星完全由我国自主研发，突破了卫星平台、有效载荷、地面光学收发站等一系列关键技术，将在轨开展量子密钥分发、广域量子密钥网络、量子纠缠分发、量子隐形传态、星地高速相干激光通信等科学实验，使我国在世界上首次实现卫星和地面之间的量子通信，构建天地一体化的量子科学实验体系。

∨ 墨子号发射在即，在酒泉卫星发射中心进行太阳帆板展开试验准备。（中国科学院微小卫星创新研究院　供图）

北斗进入高密度组网时代

2018 年 11 月 19 日，长征三号乙运载火箭以“一箭双星”发射方式顺利将我国第 18、第 19 颗北斗三号导航卫星送入太空。至此，北斗三号基本系统星座部署圆满完成，中国北斗迈出从区域走向全球的关键一步。

2019 年 4 月 20 日，第 44 颗北斗导航卫星成功发射，是北斗三号系统首次发射倾斜地球同步轨道（IGSO）卫星。北斗三号系统是由三种不同类型轨道卫星组成的混合星座，有中圆地球轨道（MEO）卫星、地球同步轨道（GEO）卫星和倾斜地球同步轨道卫星。这种星座也是北斗系统独有、国际首创。IGSO 卫星的发射，可以提高北斗系统在亚太地区的性能，包括系统抗遮挡能力和精度，让北斗系统在亚太地区的精度更高。此次发射是 2019 年度北斗导航卫星首次发射，拉开了北斗高密度组网的序幕。

天舟一号货运飞船今天发射飞往太空

天舟一号货运飞船是中国首个货运飞船。天舟一号具有与天宫二号空间实验室交会对接、实施推进剂在轨补加、开展空间科学实验和技术试验等功能。天舟一号为全密封货运飞船，采用两舱构型，由货物舱和推进舱组成。该飞船全长 10.6 米，最大直径 3.35 米，起飞质量为 12.91 吨，太阳帆板展开后最大宽度 14.9 米，物资运输能力约 6.5 吨，推进剂补加能力约为 2 吨，具备独立飞行 3 个月的能力。

∨ 2017 年 4 月 20 日，天舟一号货运飞船成功发射飞往太空。（新华社 发）

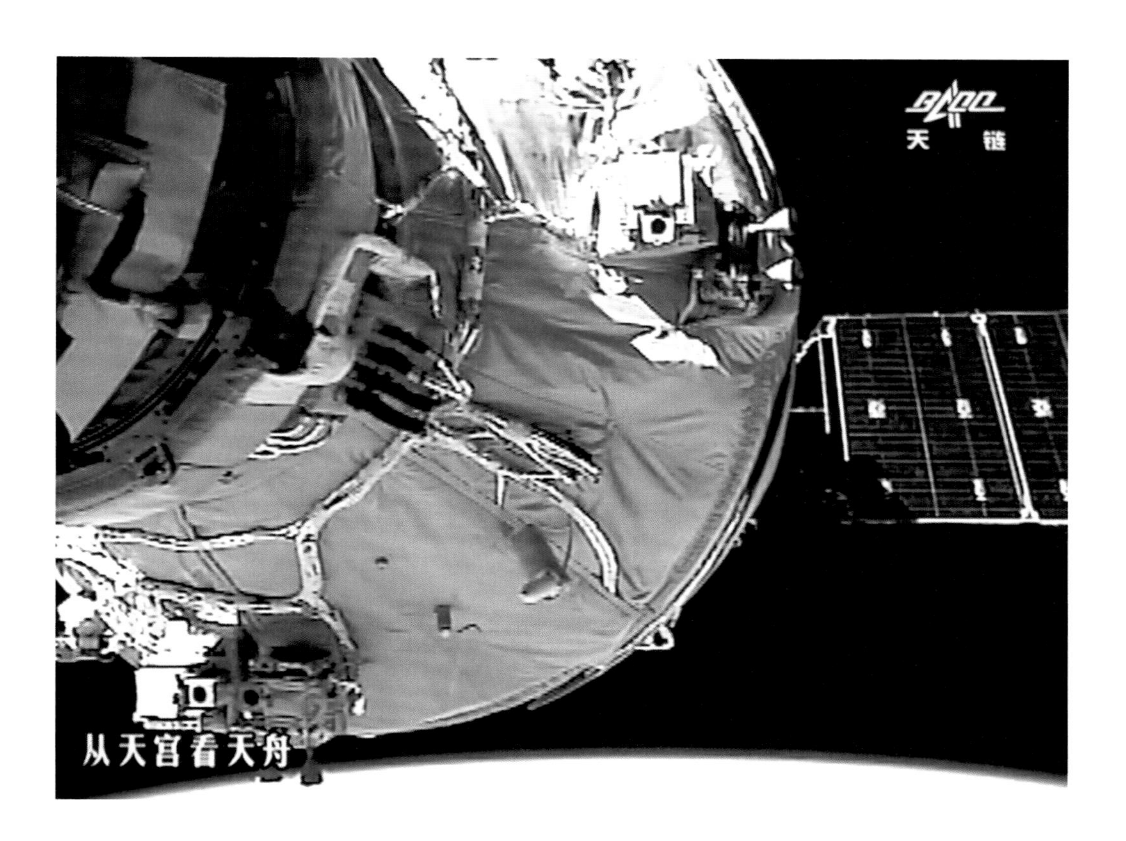

^ 2017 年 4 月 22 日，北京航天飞行控制中心大厅大屏幕显示天舟一号与天宫二号自动交会对接画面。这是天舟一号与天宫二号进行的首次自动交会对接，也是我国自主研制的货运飞船与空间实验室的首次交会对接。（新华社记者王泗江　摄）

2017 年 4 月 20 日，天舟一号货运飞船在文昌卫星发射中心由长征七号遥二运载火箭成功发射升空，并于 4 月 27 日成功完成与天宫二号的首次推进剂在轨补加试验，这标志着天舟一号飞行任务取得圆满成功。

我国高分五号、六号卫星相继发射成功

2018 年 5 月 9 日 2 时 28 分，我国在太原卫星发射中心用长征四号丙运载火箭成功发射高分五号卫星。高分五号卫星是世界首颗实现对大气和陆地综合观测的全谱段高光谱卫星，也是我国高分专项中一颗重要的科研卫星。它填补了国产卫星无法有效探测区域大气污染气体的空白，可满足环境综合监测等方面的迫切需求，是我国实现高光谱分辨率对地观测能力的重要标志。2018 年 6 月 2 日，在酒泉卫星发射中心用长征二号丁运载火箭成功发射高分六号卫星。高分六号卫星是一颗低轨光学遥感卫星，也是我国首颗实现精准农业观测的高分卫星。它将与在轨的高分一号卫星组网运行，大幅提高对农业、林业、草原等资源的监测能力。

2018 年 5 月 9 日，我国在太原卫星发射中心用长征四号丙运载火箭成功发射高分五号卫星。（新华社记者金立旺　摄）

张衡一号发射升空

2018 年 2 月 2 日，我国在酒泉卫星发射中心用长征二号丁运载火箭成功将电磁监测试验卫星张衡一号发射升空，进入预定轨道。这标志我国成为世界上少数拥有在轨运行高精度地球物理场探测卫星的国家之一。

∧ 中国地震立体观测体系天基观测平台的首颗卫星——张衡一号发射。（新华社记者汪江波 摄）

嫦娥四号着陆月球背面

2018 年 12 月 8 日，在西昌卫星发射中心用长征三号乙运载火箭成功发射嫦娥四号探测器，开启了中国月球探测的新旅程。12 月 30 日，嫦娥四号探测器在环月轨道成功实施变轨控制，顺利进入预定的月球背面着陆准备轨道。2019 年 1 月 3 日，嫦娥四号着陆器携带玉兔二号巡视器成功完成世界首次在月球背面软着陆。

2019 年 5 月 15 日，《自然》杂志发布了月球探测的一项重大发现。中国科学院国家天文台李春来领导的团队利用嫦娥四号就位光谱探测数据，证明了月球背面南极——艾特肯盆地（SPA）存在以橄榄石和低钙辉石为主的深部物质，为月幔物质组成提供了直接证据，这将为完善月球形成与演化模型提供支撑。

∨ 2018年6月2日，高分六号卫星成功发射。（新华社记者汪江波　摄）

1. 图为嫦娥四号着陆器监视相机拍摄的玉兔二号巡视器走上月面影像图。（国家航天局 供图）
2. 嫦娥四号着陆区地理实体命名影像图。（国家航天局 供图）

（三）深部探测技术取得重大阶段性进展

2018 年 6 月 2 日，中国超级钻机地壳一号正式宣布完成“首秀”：以完钻井深 7018 米创亚洲国家大陆科学钻井新纪录，标志着中国成为继俄罗斯和德国之后，世界上第三个拥有实施万米大陆钻探计划专用装备和相关技术的国家。地壳一号的研制及应用是中国深部探测计划自主能力建设的重要突破，标志着中国地学领域对地球深部探测的“入地”计划取得重大阶段性进展，为后续国家地壳探测工程的全面实施，探求地球深部奥秘提供了高技术手段。

黄大年（1958—2017），地球物理学家，曾任吉林大学新兴交叉学科学部学部长，地球探测科学与技术学院教授、博士生导师。在“深部探测关键仪器装备研制与实验项目”的负责人黄大年与团队的共同努力下，中国的超高精密机械和电子技术、纳米和微

∨ 黄大年在为吉林大学的学生授课。（新华社 发）

∨ 地壳一号万米钻机整机系统。（新华社记者许畅　摄）

∧ 黄大年求学时在长春地质学院大门前的留影。（新华社　发）

电机技术、高温和低温超导原理技术、冷原子干涉原理技术、光纤技术和惯性技术等多项关键技术进步显著，快速移动平台探测技术装备研发也首次攻克瓶颈。黄大年带领团队创造了多项“中国第一”，为中国“巡天探地潜海”填补多项技术空白，为深地资源探测和国防安全建设做出了突出贡献。

（四）积极筹建“互联网＋”

2016 年 4 月 19 日，习近平总书记在网络安全和信息化工作座谈会上发表讲话，要求“加强信息基础设施建设，强化信息资源深度整合，打通经济社会发展的信息‘大动脉’”，要“适应人民期待和需求，加快信息化服务普及，降低应用成本，为老百姓提供用得上、用得起、用得好的信息服务，让公众在共享互联网发展成果上有更多获得感”。

1
2
3

1. 2016年6月21日，2016中国互联网大会在北京国际会议中心开幕。本次大会为期三天，主题为"繁荣网络经济，建设网络强国"，聚焦"分享、融创、协同、生态"四个关键词，呈现经济发展及行业发展新业态、新动能和新体验。图为中国工程院院士胡启恒（右一），德国互联网之父维纳·措恩（右二），韩国互联网之父全吉南（右三）在开幕式巨匠对话环节中展开对话。（新华社记者李鑫 摄）
2. 2019年4月2日，在德国汉诺威，参观者观看中国航天科工集团有限公司展区展出的模型。中国航天科工集团有限公司就工业互联网平台赋能传统产业和传统高端装备制造创新升级两大主题板块进行展示。（新华社记者单宇琦 摄）
3. 大数据加速与经济社会各领域深度融合，带动经济结构转型，形成经济增长的新引擎。图为贵州贵安云数据中心。

（五）海洋强国

2017 年 5 月 18 日，我国南海神狐海域天然气水合物（又称可燃冰）试采实现连续 187 个小时的稳定产气。这是我国首次实现海域可燃冰试采成功，是中国理论、中国技术、中国装备所凝结而成的突出成就，将对能源生产和消费革命产生深远影响。

南海神狐海域试采平台上的钻井塔。（新华社记者黄国保 摄）

（六）健康中国建设

2016 年 8 月 19—20 日，全国卫生与健康大会在北京召开。同年 10 月 17 日，中共中央、国务院印发了《“健康中国 2030”规划纲要》，是之后 15 年推进健康中国建设的行动纲领。坚持以人民为中心的发展思想，牢固树立和贯彻落实创新、协调、绿色、开放、共享的发展理念，坚持正确的卫生与健康工作方针，坚持健康优先、改革创新、科学发展、公平公正的原则，以提高人民健康水平为核心，以体制机制改革创新为动力，从广泛的健康影响因素入手，以普及健康生活、优化健康服务、完善健康保障、建设健康环境、发展健康产业为重点，把健康融入所有政策，全方位、全周期保障人民健康，大幅提高健康水平，显著改善健康公平。

2019 年 7 月，国务院印发《国务院关于实施健康中国行动的意见》（简称《意见》），国家层面成立健康中国行动推进委员会并印发出台《健康中国行动（2019—2030 年）》，为进一步推进健康中国建设规划新的“施工图”。健康中国行动坚持“普及知识、提升素养，自主自律、健康生活，早期干预、完善服务，全民参与、共建共享”的基本原则，注重从源头预防和控制疾病，聚焦当前影响人民群众健康的主要问题和重点疾病，突出健康促进和动员倡导。

《意见》明确实施 15 项专项行动。从健康知识普及、合理膳食、全民健身、控烟、心理健康促进等方面综合施策，全方位干预健康影响因素；关注妇幼、中小学生、劳动者、老年人等重点人群，维护全生命周期健康；针对心脑血管疾病、癌症、慢性呼吸系统疾病、糖尿病四类慢性病以及传染病、地方病，加强重大疾病防控。有关专项行动也对残疾预防和康复服务、贫困地区居民健康促进提出了相关措施。

2019 年世界哮喘日，长期从事儿科呼吸道疾病临床及科研工作的陈育智医生向公众介绍儿童哮喘的诊断与治疗。（新华社记者 殷刚 摄）

∧ 2016年7月6日，中国空军运 -20 飞机授装接装仪式在空军航空兵某部举行。（新华社 发）

（七）加强国防建设

运 -20 大型运输机列装

2013 年 1 月 26 日，我国自主发展的运 -20 大型运输机进行试飞。该型飞机是我国依靠自己的力量研制的一种大型、多用途运输机，可在复杂气象条件下执行各种物资和人员的长距离航空运输任务。运 -20 大型运输机的首飞成功，对于推进我国经济和国防现代化建设，应对抢险救灾、人道主义援助等紧急情况，具有重要意义。2016 年 7 月 6 日，运 -20 列装空军作战部队。

歼-20隐形战斗机列装

2011年1月11日，歼-20隐形战斗机首架验证机进行首次升空飞行测试，之后开展多次试飞，并逐渐增大试飞强度。歼-20采用了单座双发、全动双垂尾、DSI鼓包进气道、上反鸭翼带尖拱边条的鸭式气动布局。头部、机身呈菱形，垂直尾翼向外倾斜，起落架舱门为锯齿边设计，机身以高亮银灰色涂装。侧弹舱采用创新结构，可将导弹发射挂架预先封闭于弹仓外侧，同时配备新型的PL-15和PL-21空空导弹。2016年11月1日，歼-20首次公开亮相第十一届中国国际航空航天博览会。2018年2月9日，歼-20列装空军作战部队。

图为歼-20飞机进行飞行展示。（新华社记者刘大伟　摄）

（八）建立广泛的创新共同体

“一带一路”合作高品质发展

2013 年 9 月 7 日，国家主席习近平在哈萨克斯坦纳扎尔巴耶夫大学作题为《弘扬人民友谊　共创美好未来》的演讲，提出共同建设“丝绸之路经济带”。2013 年 10 月 3 日，习近平主席在印度尼西亚国会发表题为《携手建设中国—东盟命运共同体》的演讲，提出共同建设“21 世纪海上丝绸之路”。“丝绸之路经济带”和“21 世纪海上丝绸之路”简称“一带一路”倡议。

2017 年 5 月 14—15 日，“一带一路”国际合作高峰论坛在北京举办。这次高峰论坛是“一带一路”框架下最高规格的国际活动，也是新中国成立以来由中国首倡、中国主办的层级最高、规模最大的多边外交活动，是中国国际地位和影响力显著提升的重要标志。来自 29 个国家的国家元首、政府首脑与会，来自 130 多个国家和 70 多个国际组织的 1500 多名代表参会，覆盖了五大洲各大区域。通过高峰论坛各国之间形成了共 5 大类、76 项、270 多小项的成果清单。

2019 年 4 月 25—27 日，中国在北京主办第二届“一带一路”国际合作高峰论坛。同首届论坛相比，本届论坛规模更大、内容更丰富、参与国家更多、成果更丰硕。这次

由中国电建承建的莫勒格哈坎达水库项目是斯里兰卡最大规模的水利枢纽工程，于 2012 年 7 月开始建设，2017 年 7 月全部完工。这一项目有助于斯里兰卡解决水资源分布不均和洪涝灾害等问题。（新华社记者普拉迪普·帕蒂拉纳　摄）

高峰论坛的主题是“共建‘一带一路’、开创美好未来”。圆桌峰会上，与会领导人和国际组织负责人围绕“推进互联互通，挖掘增长新动力”“加强政策对接，打造更紧密伙伴关系”“推动绿色和可持续发展，落实联合国2030年议程”等议题进行深入讨论，完善了合作理念，明确了合作重点，强化了合作机制，就高质量共建“一带一路”达成了广泛共识。这届论坛对外传递了一个明确信号：共建“一带一路”的朋友圈越来越大，好伙伴越来越多，合作质量越来越高，发展前景越来越好。中国愿同各方一道，落实好本届高峰论坛各项共识，以绘制“工笔画”的精神，共同推动共建“一带一路”合作走深走实、行稳致远、高质量发展，开创更加美好的未来。

老挝首都万象的老挝一号通信卫星地面站全景。老挝一号是中国首个向东盟国家整星出口的商业卫星，湄公河畔，4台巨大的通信天线通过老挝一号为老挝以及整个中南半岛提供通信和卫星电视服务。（新华社记者刘艾伦　摄）

中马友谊大桥于2016年年初正式动工，是中马共建“一带一路”的重要合作项目。作为马尔代夫有史以来第一座大桥，同时也是印度洋上第一座跨海大桥，中马友谊大桥连通马尔代夫首都马累和机场岛，由桥梁、填海路堤及道路等组成，计划使用寿命为100年。（新华社　发）

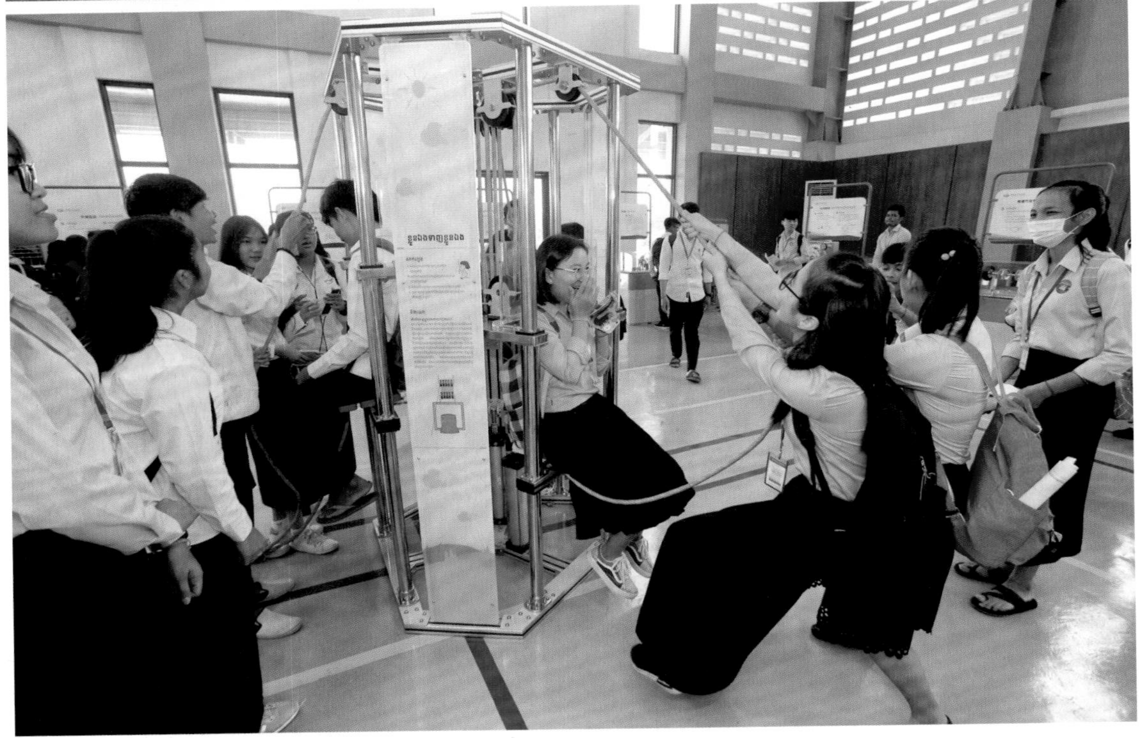

1
2

1. 2017年1月11日，在肯尼亚蒙巴萨，当地民众在中国承制的蒙内铁路首批内燃机车旁载歌载舞。（新华社记者孙瑞博　摄）

2. 中国科学技术馆与柬埔寨金边青年联合会联合举办的“‘体验科学，启迪创新’——中国流动科技馆柬埔寨国际巡展”2018年12月13日在金边正式向公众亮相。（新华社记者索万纳拉　摄）

京津冀协同发展

推动京津冀协同发展，是以习近平同志为核心的党中央在新的时代条件下作出的重大决策部署。京津冀三地濒临渤海，携揽“三北”，面积超过 20 万平方千米，承载 1 亿多人口。京津冀协同发展战略，既着眼破解北京“大城市病”、啃下区域协调发展的硬骨头，也着力化解资源环境严重超载矛盾，探索人口密集地区高质量发展模式。俯瞰今日京津冀，北京新机场犹如一只金凤凰展翅高飞，生态改善之后的白洋淀成为名副其实的华北明珠，天津港往来船舶川行不息、通达世界各地……京津冀协同发展战略实施以来取得了显著成效。

∨ 新建成的雄安市民服务中心。（新华社记者牟宇　摄）

∨ 晨曦下的北京大兴国际机场。（新华社记者鞠焕宗　摄）

1. 近年来，作为国家可再生能源示范区的河北省张家口市，依托京津冀协同发展和 2022 年北京联合张家口举办冬奥会的契机，加快风电、光伏、光热和生物质发电基地建设。据国网张家口供电公司介绍，截至目前，该地区风电、光伏、光热和生物质等新能源总装机并网容量达 1234.7 万千瓦，占统调装机容量的 72.32%。（新华社记者杨世尧　摄）

2. 建设者庆祝京张高铁八达岭隧道胜利贯通。（新华社记者任超　摄）

1
2

1. 河北省乐亭县抢抓京津冀协同发展机遇和立足沿海临港的区位优势，通过引进京津地区外迁企业、实施传统制造业转型创新、持续推进企业技改等形式，积极发展特种车辆、汽车配件、新型建材、风电装备、医疗设备等装备制造产业，助推经济结构优化升级。（新华社记者杨世尧　摄）
2. 近年来，河北省固安县抢抓京津冀协同发展机遇，加快新旧动能转换，积极引进有机发光材料、新型有机半导体照明等高新技术产业，初步形成集研发、设计、生产、销售于一体的上下游产业链，助推当地经济高质量发展。图为在固安新材料产业园的一家新材料照明企业生产车间内，工作人员在检验产品质量。（新华社记者鲁鹏　摄）

建设粤港澳大湾区

粤港澳大湾区包括香港特别行政区、澳门特别行政区和广东省广州市、深圳市、珠海市、佛山市、惠州市、东莞市、中山市、江门市、肇庆市，总面积5.6万平方千米，2017年总人口约7000万人，是我国开放程度最高、经济活力最强的区域之一，在国家发展大局中具有重要战略地位。建设粤港澳大湾区，既是新时代推动形成全面开放新格局的新尝试，也是推动“一国两制”事业发展的新实践。

（1）促进经济发展，增进人民福祉

为全面贯彻党的十九大精神，全面准确贯彻“一国两制”方针，充分发挥粤港澳综合优势，深化内地与港澳合作，进一步提升粤港澳大湾区在国家经济发展和对外开放中的支撑引领作用，支持香港、澳门融入国家发展大局，增进香港、澳门同胞福祉，保持香港、澳门长期繁荣稳定，让港澳同胞同祖国人民共担民族复兴的历史责任、共享祖国繁荣富强的伟大荣光。

粤港澳大湾区为创新创业提供难得的机遇，众多中青年创业者选择在这里落脚扎根，越来越多科技、文化、金融等类型的中小企业萌发成长，投入国家高速发展的热潮中。

∨ 深圳和香港落马洲河套地区及周边风光。（新华社记者毛思倩　摄）

（2）建立交通运输网络

交通基础设施建设，是粤港澳大湾区建设的重要载体和主要内容。作为粤港澳大湾区腹地的广东，近年来不断加快交通基础设施建设，持续提升综合运输服务水平，粤港澳大湾区对外交通运输网络逐步形成。目前，粤港澳大湾区海陆空对外通道已基本成网，客运、货运总量占全国比重均超过35%，有条件形成功能完备、及时可靠、通关便利、流转顺畅、经济高效、海陆空并进的联通“一带一路”的门户和枢纽。

∧ 这是连通深圳、珠海、澳门、香港，以及可以停泊邮轮的深圳太子湾邮轮母港。（新华社记者毛思倩 摄）

（3）港珠澳大桥通车

港珠澳大桥是我国继三峡工程、青藏铁路、南水北调、西气东输、京沪高铁之后又一重大基础设施项目，东连香港，西接珠海、澳门，是集桥、岛、隧道为一体的超大型跨海通道。项目特点除了超大型工程所普遍具有的规模大、工期紧、难度高、风险大等共性，还具有社会关注度高、三地政府共建共管、采用设计施工总承包模式等特点，以及白海豚保护区、复杂的通航环境、工期及接口限制等限制条件。港珠澳大桥于2009年12月15日动工建设；2017年7月7日大桥主体工程全线贯通；2018年2月6日，港珠澳大桥主体完成验收，于同年9月28日起进行粤港澳三地联合试运。2018年10月23日，港珠澳大桥开通仪式在广东珠海举行；10月24日，港珠澳大桥正式通车。

港珠澳大桥的开通，极大地便利了三地之间的交通往来，也拉近了三地市民间的距离。（新华社记者梁旭　摄）

（九）扎实推进全民科学素质工作

“科技三会”提出，科技创新、科学普及是实现创新发展的两翼，要把科学普及放在与科技创新同等重要的位置，普及科学知识、弘扬科学精神、传播科学思想、倡导科学方法，在全社会推动形成讲科学、爱科学、学科学、用科学的良好氛围，使蕴藏在亿万人民中间的创新智慧充分释放、创新力量充分涌流。

“十三五”以来，在党中央、国务院的高度重视和正确领导下，各地各部门扎实推进全民科学素质工作，公民科学素质快速提高，公民科学素质公共服务能力明显提升，公民科学素质建设推进机制进一步完善，科普事业取得显著成绩。2018 年我国公民具备科学素质比例达到 8.47%，距 2020 年 10% 的目标仅差 1.53 个百分点。科学教育与培训基础条件大幅改善，现代科技馆体系建设取得长足发展，信息化对科普工作的牵引作用不断显现，大联合、大协作工作格局日益完善。

∧ 2018 年 9 月 17—19 日，以“科学素质与人类命运共同体”为主题的世界公众科学素质促进大会在北京举行，来自 23 个国际科技组织、38 个国家的 58 个国别科技组织和机构的代表以及境内有关方面代表 1000 余人参加大会。图为 9 月 18 日，与会嘉宾参加“科学素质促进与媒体责任”专题论坛。（新华社记者张玉薇　摄）

附录

国家最高科学技术奖获奖者简介

1950—1966年，我国先后发布了《中华人民共和国发明奖励条例》等重要条例，初步创建起了国家科技奖励制度。

从1978年开始，我国对科技奖励制度进行了进一步的改革和完善。1984年颁布的《中华人民共和国科学技术进步奖励条例》是我国第一个全面的科技奖励条例，而1993年颁布的《中华人民共和国科学技术进步法》则进一步奠定了科技奖励制度的法律地位。

1979—1999年的20年间，我国的科技奖励制度取得了丰硕的成果，相继有6万多人获得了国家科技奖励，奖励科技成果12582项。

1999年国家对科技奖励制度再次进行了重大改革。取消了部门设奖，调整奖项设置，增设了国家最高科学技术奖。国家最高科学技术奖是我国目前级别最高的科学技术奖项，每年授予人数不超过两名，由国家最高领导人亲自颁奖。获奖者都是在当代科技前沿取得重大突破或者在科技创新和科技成果转化中创造巨大经济或社会效益的中国公民。

2000 年度获奖人

吴文俊（1919.05—2017.05） 男，数学家，中国科学院院士，中国科学院数学与系统科学研究院研究员。20 世纪 50 年代在示性类、示嵌类等研究方面取得吴文俊公式、吴文俊示性类等一系列突出成果，并有许多重要应用。70 年代创立了几何定理机器证明的“吴方法”，影响巨大，有重要应用价值，引起数学研究方式的变革。

袁隆平（1930.09— ） 男，杂交水稻专家，中国工程院院士，湖南省农业科学院研究员。1964 年开始研究杂交水稻，1973 年实现三系配套，1974 年育成第一个杂交水稻强优组合南优 2 号，1975 年研制成功杂交水稻制种技术，从而为大面积推广杂交水稻奠定了基础。1985 年提出杂交水稻育种的战略设想，为杂交水稻的进一步发展指明了方向。1987 年任“863”计划两系杂交稻专题的责任专家，1995 年研制成功两系杂交水稻，1997 年提出超级杂交稻育种技术路线，2000 年实现了农业部制定的中国超级稻育种的第一期目标，2004 年提前一年实现了超级稻第二期目标。

2001 年度获奖人

黄　昆（1919.09—2005.07） 男，物理学家，中国科学院院士，中国科学院半导体研究所研究员。1950 年，黄昆首次提出多声子的辐射和无辐射跃迁的量子理论。1951 年，首次提出晶体中声子和电磁波的耦合振荡模式，为 1963 年国际上拉曼散射实验所证实，被命名为一种元激发——极化激元，所提出的运动方程，被国际上称为“黄方程”。十多年中，他与年轻的同事合作，先后在多声子跃迁理论和量子阱超晶格理论方面取得新的成就。以他为学术带头人，半导体研究所成立了我国半导体超晶格国家重点实验室，开创并发展了我国在这一材料学和固体物理学中的崭新领域的研究工作。

王　选（1937.02—2006.02） 男，计算机应用专家，中国科学院院士，中国工程院院士，北京大学教授。1975 年以前，从事计算机逻辑设计、体系结构和高级语言编译系统等方面的研究。1975 年开始主持华光和方正型计算机激光汉字编排系统的研制，用于书刊、报纸等正式出版物的编排。他领导研制的华光和方正系统在中国报社和出版社、印刷厂逐渐普及，为新闻出版全过程的计算机化奠定了基础。

2002 年度获奖人

金怡濂（1929.09— ）男，计算机专家，中国工程院院士，国家并行计算机工程技术研究中心研究员。作为运控部分负责人之一，参加了我国第一台通用大型电子计算机的研制，此后长期致力于电子计算机体系结构、高速信号传输技术、计算机组装技术等方面的研究与实践，先后主持研制成功多种当时居国内领先地位的大型计算机系统。在此期间，他提出具体设计方案，作出很多关键性决策，解决了许多复杂的理论问题和技术难题，对我国计算机事业尤其是并行计算机技术的发展贡献卓著。

2003 年度获奖人

刘东生（1917.11—2008.03）男，地球环境科学专家，中国科学院院士，中国科学院地质与地球物理研究所研究员。从事地学研究近 60 年，对中国的古脊椎动物学、第四纪地质学、环境科学和环境地质学、青藏高原与极地考察等科学研究领域，特别是黄土研究方面做出了大量的原创性研究成果，使中国在古全球变化研究领域中跻身世界前列。

王永志（1932.11— ）男，航天技术专家，中国工程院院士，中国人民解放军总装备部研究员。1961 年回国以来一直从事航天技术工作，1992 年起任中国载人航天工程总设计师，是我国载人航天工程的开创者之一和学术技术带头人。40 多年来在我国战略火箭、地地战术火箭以及运载火箭的研制工作中做出了突出贡献，特别是在载人航天工程中做出了重大贡献。

2004 年度获奖人

空缺。

2005 年度获奖人

叶笃正（1916.02—2013.10） 男，气象学家，中国科学院院士，中国科学院大气物理研究所研究员。早期从事大气环流和长波动力学研究，继 C.G. 罗斯贝之后，提出了长波的能量频散理论，是对动力气象学的重要贡献。20 世纪 50 年代，和气候学家 Flohn 分别提出青藏高原在夏季是个热源的见解，由此开拓了大地形热力作用的研究。1958 年与陶诗言等提出了北半球大气环流的季节性突变，引出对此一系列的研究。60 年代对大气风场和气压场的适应理论做出了重要贡献。自 70 年代后期起，从事地 - 气关系和从事并倡导全球变化的研究，使中国这方面研究在国际上占有一席之地，是“八五”国家重大基础研究项目《我国未来（20～50 年）生存环境变化趋势预测研究》的首席科学家。

吴孟超（1922.08— ） 男，肝胆外科专家，中国科学院院士，中国人民解放军第二军医大学教授。我国肝胆外科主要创始人之一。20 世纪 50 年代最先提出中国人肝脏解剖“五叶四段”新见解；60 年代首创常温下间歇肝门阻断切肝法并率先突破人体中肝叶手术禁区；70 年代建立起完整的肝脏海绵状血管瘤和小肝癌的早期诊治体系，较早应用肝动脉结扎法和肝动脉栓塞法治疗中、晚期肝癌；80 年代建立了常温下无血切肝术、肝癌复发再切除和肝癌二期手术技术；90 年代在中晚期肝癌的基因免疫治疗、肝癌疫苗、肝移植等方面取得了重大进展，并首先开展腹腔镜下肝切除和肝动脉结扎术。

2006 年度获奖人

李振声（1931.02— ） 男，小麦遗传育种专家，中国科学院院士，中国科学院遗传与发育生物学研究所研究员。育成小偃麦 8 倍体、异附加系、异代换系和异位系等杂种新类型；将偃麦草的耐旱、耐干热风、抗多种小麦病害的优良基因转移到小麦中，育成了小偃麦新品种四、五、六号，小偃六号到 1988 年累计推广面积 5400 万亩，增产小麦 16 亿千克；建立了小麦染色体工程育种新体系，利用偃麦草蓝色胚乳基因作为遗传标记性状，首次创制蓝粒单体小麦系统，解决了单体小麦利用过程中长期存在的“单价染色体漂移”和“染色体数目鉴定工作量过大”两个难题；育成自花结实的缺体小麦，并利用其缺体小麦开创了快速选育小麦异代换系的新方法——缺体回交法，为小麦染色体工程育种奠定了基础。

2007 年度获奖人

闵恩泽（1924.02—2016.03） 男，石油化工专家，中国科学院院士，中国工程院院士，中国石油化工股份有限公司石油化工科学研究院教授级高工。20 世纪 60 年代开发成功磷酸硅藻土叠合催化剂、铂重整催化剂、小球硅铝裂化催化剂、微球硅铝裂化催化剂，均建成工厂投入生产。70—80 年代领导了钼镍磷加氢催化剂、一氧化碳助燃剂、半合成沸石裂化催化剂等的研制、开发、生产和应用。1980 年以后，指导开展新催化材料和新化学反应工程的导向性基础研究，包括非晶态合金、负载杂多酸、纳米分子筛以及磁稳定流化床、悬浮催化蒸馏等，已开发成功己内酰胺磁稳定流化床加氢、悬浮催化蒸馏烷基化等新工艺。90 年代，曾任国家自然科学基金委员会“九五”重大基础研究项目“环境友好石油化工催化化学和反应工程”的主持人，进入绿色化学领域，指导化纤单体己内酰胺成套绿色制造技术的开发，已经工业化，取得重大经济和社会效益。

吴征镒（1916.06—2013.06） 男，植物学家，中国科学院院士，中国科学院昆明植物研究所研究员。论证了我国植物区系的三大历史来源和 15 种地理成分，提出了北纬 20°～40°间的中国南部、西南部是古南大陆、古北大陆和古地中海植物区系的发生和发展的关键地区的观点；主编的《中国植被》是植物学有关学科及农、林、牧业生产的一部重要科学资料；组织领导了全国特别是云南植物资源的调查，并指出植物的有用物质的形成和植物种原分布区及形成历史有一定相关性；主编了若干全国性和地区性植物志。

2008 年度获奖人

王忠诚（1925.12—2012.09） 男，神经外科专家，中国工程院院士，北京市神经外科研究所、首都医科大学附属北京天坛医院教授。20 世纪 50 年代，在我国开展脑血管造影新技术，提高了颅内病变的确诊率，1965 年出版了我国第一部神经外科专著《脑血管造影术》，推动了我国神经外科的发展。70 年代，在国内开展了脑血管病的外科治疗，脑血管吻合术治疗缺血性脑血管病、巨大动脉瘤及多发动脉瘤的手术切除、脑血管畸形的综合治疗等方面，都有新建树。80 年代以来，潜心研究脑干肿瘤这个手术禁区的治疗方法，继而对脊髓内肿瘤进行了研究，成功地施行了手术治疗。这两项治疗从病例数量、手术方法及所得结果诸方面，均达到国际先进水平。

徐光宪（1920.11—2015.04） 男，化学家，中国科学院院士，北京大学教授。长期从事物理化学和无机化学的教学和研究，涉及量子化学、化学键理论、配位化学、萃取化学、核燃料化学和稀土科学等领域。通过总结大量文献资料，提出普适性更广的（*nxcπ*）格式和原子共价的新概念及其量子化学定义，根据分子结构式便可推测金属有机化合物和原子簇化合物的稳定性。建立了适用于研究稀土元素的量子化学计算方法和无机共轭分子的化学键理论。合成了具有特殊结构和性能的一系列四核稀土双氧络合物。在串级萃取理论、协同萃取规律、萃取机理研究方法及萃取分离稀土工艺等方面，都有大量的研究成果。

2009 年度获奖人

谷超豪（1926.05—2012.06） 男，数学家，中国科学院院士，复旦大学数学研究所教授。从事偏微分方程、微分几何、数学物理等方面的研究和教学工作。在一般空间微分几何学、齐性黎曼空间、无限维变换拟群、双曲型和混合型偏微分方程、规范场理论、调和映照和孤立子理论等方面取得了系统的重要研究成果。特别是首次提出了高维、高阶混合型方程的系统理论，在超音速绕流的数学问题、规范场的数学结构、波映照和高维时空的孤立子的研究中取得了重要的突破。

孙家栋（1929.04— ） 男，航天技术专家，中国科学院院士，中国航天科技集团公司高级技术顾问。 长期从事运载火箭、人造卫星研制工作。从事中国第一枚自行设计的中近程导弹与中远程导弹的总体设计工作，任总体主任设计师；参加领导了第一颗人造地球卫星、返回式遥感卫星的研制与发射；担任多种型号卫星的技术总负责人和总设计师；负责绕月工程大系统的技术决策、指挥和协调，任总设计师。

2010 年度获奖人

师昌绪（1920.11—2014.11） 男，材料科学家，中国科学院院士，中国工程院院士，国家自然科学基金委员会特邀顾问、中国科学院金属研究所研究员。中国高温合金开拓者之一，发展了中国第一个铁基高温合金，领导开发我国第一代空心气冷铸造镍基高温合金涡轮叶片，可用作耐热、低温材料和无磁铁锰铝系奥氏体钢等，具有开创性。多次参加或主持制订我国有关冶金材料、材料科学、新材料全国科技发展规划主持国家重点实验室、国家工程研究中心及国家重大科学工程的立项和评估工作。

王振义（1924.11— ）男，血液学专家，中国工程院院士，上海交通大学医学院附属瑞金医院终身教授。自 1954 年起，从事研究血栓和止血，在国内首先建立血友病 A 与 B 以及轻型血友病的诊断方法。1980 年起开始研究癌肿的分化疗法。1986 年在国际上首先创导应用全反式维甲酸诱导分化治疗急性早幼粒细胞白血病，获得很高的缓解率，为恶性肿瘤在不损伤正常细胞的情况下，可以通过诱导分化疗法取得效果这一新的理论，提供了成功的范例。

2011 年度获奖人

谢家麟（1920.08—2016.02）男，物理学家，中国科学院院士，中国科学院高能物理研究所研究员。主要从事加速器研制。在美国期间领导研制成功世界上能量最高的医用电子直线加速器。1964 年领导建成我国最早的可向高能发展的电子直线加速器。20 世纪 80 年代领导了北京正负电子对撞机工程的设计、研制和建造。90 年代初领导建成了北京自由电子激光装置。

吴良镛（1922.05— ）男，建筑学家，中国科学院院士，中国工程院院士，清华大学建筑与城市研究所所长、人居环境研究中心主任。在建筑教育领域做出了杰出贡献，多次获得国内外嘉奖，1996 年被授予国际建协教育／评论奖。此外，他主持参与多项重大工程项目，如北京图书馆新馆设计、天安门广场扩建规划设计、广西桂林中心区规划、中央美术学院校园规划设计、孔子研究院规划设计等。其中他主持的北京市菊儿胡同危旧房改建试点工程获 1992 年度的亚洲建筑师协会金质奖和世界人居奖。

2012 年度获奖人

郑哲敏（1924.10— ）男，力学家，中国科学院院士，中国工程院院士，中国科学院力学研究所研究员。早期从事弹性力学、水弹性力学、振动及地震工程力学研究。1960 年开始从事爆炸加工、地下核爆炸、穿破甲、材料动态力学性质、爆炸处理水下软基等方面的研究。开展爆炸成形模型律、成形机理、模具强度、爆炸成形材料的动态力学性能、爆炸载荷等方面的理论研究和实验工作，同时解决了成形参数与工艺问题，开辟了力学与工艺相结合的“工艺力学”新方向，在爆炸力学的理论和应用方面做出贡献。

王小谟（1938.11—　）男，雷达技术专家，中国工程院院士，中国电子科技集团公司电子科学研究院研究员。设计研制了多种型号雷达和系统，主持设计的 JY-8 雷达成为我国第一部完整的、性能全面自动化三坐标雷达，是新一代雷达基石并发展成为一个新的雷达装备系列。设计了我国第一部高低空兼顾的 JY-9 雷达，具有较强的抗干扰性能，在国外军事演习和综合评分名列前茅，成为国际上优秀低空雷达之一。1996 年任中以合作预警机的中方总设计师，2000 年国内预警机立项后任预警机总顾问，并任自行开发出口预警机的总设计师，是预警机工程的奠基人。目前从事空基信息系统和天地一体化信息网络的研究。

2013 年度获奖人

张存浩（1928.02—　）男，物理化学家，中国科学院院士，中国科学院大连化学物理研究所研究员。20 世纪 50 年代研究水煤气催化合成液体燃料，在发展熔铁催化剂和解决流化床传热与反混问题上有所贡献。60 年代致力于固体火箭推进剂和发动机燃烧研究，参与提出燃速理论及侵蚀燃烧理论，并开展激波管高速反应动力学等研究。70 年代领导化学激光研究，发展燃烧驱动连续波氟化氢、氟化氘化学激光器。80—90 年代研究短波长化学激光新体系及氧碘化学激光，研究激发态分子的光谱学和能量转移，进而参与设计双共振电离法，研究了超短寿命分子的转动能级结构和分子电子态的亚转动能级分辨的传能精确规律。

程开甲（1918.08—2018.11）男，物理学家，中国科学院院士，中国人民解放军总装备部研究员。中国核武器研究的开创者之一，在核武器的研制和试验中做出突出贡献。开创、规划领导了抗辐射加固技术新领域研究。是我国定向能高功率微波研究新领域的开创者之一。出版了我国第一本固体物理学专著，提出了普遍的热力学内耗理论，导出了狄拉克方程，提出并发展了超导电双带理论和凝聚态 TFDC 电子理论。

2014 年度获奖人

于　敏（1926.08—2019.01）男，核物理学家，中国科学院院士，中国工程物理研究院研究员。在我国氢弹原理突破中解决了一系列基础问题，提出了从原理到构形基本完整的设想，起了关键作用。此后长期领导核武器理论研究、设计，解决了大量理论问题。对我国核武器进一步发展到国际先进水平做出了重要贡献。从 20 世纪 70 年代起，在倡导、推动若干高科技项目研究中，发挥了重要作用。

2015 年度获奖人

空缺。

2016 年度获奖人

赵忠贤（1941.01— ）男，物理学家，中国科学院院士，中国科学院物理研究院研究员。长期从事低温与超导研究。1967—1972 年参加几项国防科研任务。1976 年开始从事探索高温超导电性研究。所发表的论文包括第Ⅱ类超导体的磁通钉扎与临界电流问题；非晶态合金的超导电性。1983 年开始研究氧化物超导体 BPB 系统及重费米子超导性，1986 年底在 Ba-La-Cu-O 系统研究中注意到杂质的影响，并于 1987 年初与合作者独立发现了临界温度为 92.8K 的钇钡铜氧超导体。

屠呦呦（1930.12— ）女，药学家，中国中医科学院研究员。经过数十年从事中药研究，她和她的研究团队创新研制出新型抗疟药——青蒿素和双氢青蒿素。因为发现青蒿素——一种用于治疗疟疾的药物，挽救了全球特别是发展中国家数百万人的生命。屠呦呦因此获得 2015 年诺贝尔生理学或医学奖。

2017 年度获奖人

王泽山（1935.09— ）男，火炸药学家，中国工程院院士，南京理工大学教授。从事含能材料方面的教学与科学研究。研究了发射药及其装药理论；发明低温感技术，提高了发射效率，使发射威力超过国外同类装备的水平；研究和解决了废弃火炸药再利用的有关理论和综合性处理技术，实现了资源化再利用，改善了安全，降低了公害，有明显的社会效益和经济效益；发明了一种高密度火药装药技术，已推广应用。

侯云德（1929.07— ）男，分子病毒学家，中国工程院院士，中国疾病预防控制中心病毒病预防控制所研究员。在分子病毒学、基因工程干扰素等基因药物的研究和开发以及新发传染病控制等方面具有突出建树，为我国医学分子病毒学、基因工程学科和生物技术的产业化，以及传染病控制方面做出了重要贡献。2009 年新型 H1N1 流感大流行期间，作为联防联控机制专家委员会主任，与全国著名科学家一起，举国体制，协同创新，在人类历史上首次对流感大流行的人为干预获得成功，并获得国际公认。

2018 年度获奖人

刘永坦（1936.12— ）男，雷达与信号处理技术专家，中国科学院、中国工程院院士，哈尔滨工业大学教授。研制新体制对海探测雷达，突破 11 项关键技术，解决了在强海杂波、电台干扰及大气噪声背景下信号处理和目标检测问题，并建成了中国第一个新体制雷达站。在逆合成孔径雷达研究中，发展了运动补偿理论，并针对大带宽信号与系统提出了新的补偿理论。在数字式宽带 FM ／ CW 雷达信号处理机的研制中，提出了微程序控制模拟滑窗分段 FFT 谱分析及数字式多门限自动检测的独特的模拟／数字混合信号处理模式，解决了大动态宽频信号高分辨谱分析问题。

钱七虎（1937.10— ）男，防护工程学家，中国工程院院士，中国人民解放军陆军工程大学教授。长期从事防护工程及地下工程的教学与科研工作，解决了孔口防护等多项难点的计算与设计问题，率先将运筹学和系统工程方法运用于防护工程领域。主持实施了世界最大药量的珠海炮台山大爆破；在深部岩石力学、深地下工程防护以及地下空间开发利用方面进行了深入的研究；主持和参加了国内多条地铁工程、城市水下隧道和海底隧道等重大工程的设计方案审查工作和评标工作，作为专家委员会主任和委员协助完成了南京长江隧道、上海长江隧道和武汉长江隧道建设。主持完成了《21 世纪中国城市地下空间发展战略及对策》《我国重要经济目标防护措施及对策》等多项国家咨询课题；作为首席科学家主持完成了国家自然科学基金重大项目《深部岩石力学基础研究与应用》研究。

主要参考文献
MAIN REFERENCES

[1] 邓楠. 新中国科学技术发展历程：1949—2009 [M]. 北京：中国科学技术出版社，2009.

[2] 水利部黄河水利委员会. 人民治理黄河六十年 [M]. 郑州：黄河水利出版社，2006.

[3] 钱迎倩，王亚辉. 20 世纪中国学术大典 · 生物学 [M]. 福州：福建教育出版社，2004.

[4] 王振德. 现代科技百科全书 [M]. 桂林：广西师范大学出版社，2006.

[5]《千万吨级大型露天矿用成套设备研制》编辑委员会. 中国重大技术装备史话：千万吨级大型露天矿用成套设备研制 [M]. 北京：中国电力出版社，2012.

[6] 徐秉金，欧阳敏. 中国汽车史话 [M]. 北京：机械工业出版社，2017.

[7] 王丽华，徐伟. 从尘封的科技档案追述鲁棉一号选育历程 [J]. 中国棉花，2014 (08)：46-47.

[8] 徐光宪. 原子簇与有关分子的结构规则Ⅰ. ($nxc\pi$) 格式 [J]. 化学通报，1982 (08)：44-45.

[9] 立早. 坚持经济建设这个中心——学习邓小平同志南巡讲话的综述 [J]. 毛泽东邓小平理论研究，1992 (03)：68-72.

[10] 习近平. 在庆祝改革开放 40 周年大会上的讲话 [J]. 前进，2019 (01)：5-12.

[11] 谷超豪. 参加世界科学工作者协会二届大会的观感 [J]. 科学通报，1951 (08)：61-65.

[12] 本刊编辑部. 世界科学工作者协会北京中心成立庆祝大会和 1964 年北京科学讨论会筹备会议 [J]. 科学通报，1963 (11)：66-67.

[13] 吕宝成. 近年来天花防治的进展（综述）[J]. 山西医学杂志，1963 (01)：89-92.

[14] 绍文. 陈氏定理介绍——关于陈景润在数论上的新贡献 [J]. 破与立（自然科学版），1977（03）：65-68+72.
[15] 张书敏，徐树山. 陈氏定理及其应用——一个用中国人名字命名的定理 [J]. 物理通报，1994（05）：3-5.
[16] 江泽民. 在表彰为研制“两弹一星”作出突出贡献的科技专家大会上的讲话 [J]. 科学新闻，1999（28）：4.
[17] 周彧. 东方红一号：开启中国航天时代 [J]. 科学新闻，2018（09）：22-25.
[18] 张泽纯. 六路钕玻璃激光等离子体物理实验装置 [J]. 力学与实践，1981（02）：83.
[19] 王松乔. 国产一级大型电子显微镜的诞生 [J]. 物理通报，1965（11）：50-51.
[20] 本刊编辑部. 我国跨进了原子能时代　第一座原子反应堆在苏联帮助下建成　回旋加速器和高气压静电加速器同时开始工作 [J]. 中国农垦，1958（08）：21.
[21] 李云海. 长江上的凯歌——武汉长江大桥落成通车实况广播的回顾 [J]. 新闻战线，1958（02）：52-53.
[22] 华工. 伟大工程的记录——长江大桥落成通车前后报道简评 [J]. 新闻业务，1957（11）：86-88.
[23] 河南日报. 黄河建设捷报频传　黄河红旗渠竣工放水 [J]. 黄河建设，1958（10）：69-70.
[24] 曹连庆. 我国第一台万吨水压机的诞生 [J]. 奋斗，2017（03）：63.
[25] 大路. 东方红 -150-1 型小四轮拖拉机简介 [J]. 拖拉机，1985（02）：62-63.
[26] 本刊编辑部. 华北制药厂全部建成——我国人民的一大喜事 [J]. 中国药学杂志，1958（04）：39.
[27] 本刊编辑部. 1956 年 7 月：长春一汽解放牌汽车装配成功 [J]. 党史博览，2014（07）：2+59.
[28] 本刊编辑部. 1967 年 6 月 17 日　我国第一颗氢弹爆炸成功 [J]. 工会信息，2015（17）：39.
[29] 李安平. 新中国科学技术发展史上的里程碑——十二年科学技术发展远景规划 [J]. 科学新闻，1999（28）：32.
[30] 本刊编辑部. 全国知识分子向科学大进军的准备工作积极进行 [J]. 哲学研究，1956（01）：148.
[31] 本刊编辑部. 川藏公路和青藏公路 [J]. 中国民族，1965（01）：57.
[32] 本刊编辑部. “人民胜利渠”正式放水 [J]. 新黄河，1952（04）：44.
[33] 张会轩. 中国无缝钢管的摇篮——鞍钢无缝钢管厂 [J]. 鞍钢技术，1993（05）：56-59.
[34] 本刊编辑部. 1953 年 12 月：鞍钢隆重举行“三大工程”开工典礼 [J]. 党史博览，2014（12）：2+59.

[35] 曾超羣，张景诚. 沿海小港客货输“民主十号”及“民主十一号”的设计 [J]. 中国造船，1957 (03)：3-27.
[36] 王凡. 周恩来、李富春与新中国航空工业的创立——原航空工业部党组副书记段子俊访谈 [J]. 党史博览，2001 (04)：12-19.
[37] 陶军. 大洋深处强国梦——我国首台 4500 米级无人遥控潜水器“海马号”[J]. 国土资源科普与文化，2016 (01)：15-21.
[38] 唐博. 李四光的地质人生 [J]. 地图，2011 (06)：108-115.
[39] 顾方舟. 怎样预防小儿麻痹症 [J]. 护理杂志，1965 (05)：55-56.
[40] 张柏春. 20 世纪 50 年代的两个科学技术史学科发展规划——《中国自然科学与技术史研究工作十二年远景规划草案 (1956 年)》和《1958—1967 年自然科学史研究发展纲要 (草案)》[J]. 中国科技史料，2002 (04)：80-90.
[41] 李响，王晓义，崔军凯. 张文裕及其科学贡献——纪念张文裕诞辰 100 周年 [J]. 物理教师，2010 (08)：39-41.
[42] 祝叶华. 2016 年热点科技事件回眸 [J]. 科技导报，2017 (01)：138-150.
[43] 本刊编辑部. “大洋一号”科考船返青 [J]. 海洋地质与第四纪地质，1999(04)：114.
[44] 丁兆君. 中国宇宙线物理与高能物理的奠基人——张文裕 [J]. 物理通报，2015 (03)：115-118.
[45] 本刊编辑部. 庆祝中国科学院学部的成立 [J]. 科学通报，1955 (06)：4-6.
[46] 郭喨，张立. 5G 开启“万物互联”新纪元 [N]. 中国科学报，2019-06-10.
[47] 付毅飞. 长征六号运载火箭首飞成功 [N]. 科技日报，2015-09-21.
[48] 本刊编辑部. 中国加快 5G 发展 [J]. 办公自动化，2018 (02)：32.
[49] 杨婧婧. 5G 发展概况及我国面临的风险 [J]. 中国信息安全，2018 (05)：16-17.
[50] 张莉. 5G 标准迎来关键点　中国领跑全球 5G 发展竞赛 [J]. 中国对外贸易，2018 (07)：63-65.
[51] 刘光毅，陈卓. 中国 5G 发展最新进展 [J]. 现代电视技术，2018 (11)：55-59.
[52] 冯立昇. 开拓与传承：刘仙洲与清华大学的机械史研究 [J]. 自然科学史研究，2017 (02)：29-41.
[53] 吴俊，邓启云，袁定阳，齐绍武. 超级杂交稻研究进展 [J]. 科学通报，2016 (35)：65-74.
[54] 本刊编辑部. 中国成功发射“高分四号”卫星 [J]. 航天返回与遥感，2015 (06)：25.
[55] 本刊编辑部. 中国进入卫星微波遥感应用时代 [J]. 国防科技工业，2016 (09)：13-14.
[56] 本刊编辑部. 我国首颗 X 射线天文卫星“慧眼”投入使用 [J]. 计测技术，

2018（01）：57.

[57] 本刊编辑部. 硬X射线调制望远镜（HXMT）卫星及其科学成果[J]. 航天器工程，2018（05）：2-12.

[58] 倪伟波. 硬X射线调制望远镜卫星：巡天监测 刷新人类认知极限[J]. 科学新闻，2015（18）：38-40.

[59] 薛水星，吴淑华，韩峰，魏佳，侯云德. 在大肠杆菌中提高人α1b型基因工程干扰素的表达[J]. 生物工程学报，1996（S1）：67-71.

[60] 麦海珊，区小明，叶欣. 雾化吸入干扰素α1b注射液治疗小儿呼吸道合胞病毒肺炎的疗效观察[J]. 中国现代医药杂志，2019（07）：81-82.

[61] 闫金定. 我国纳米科学技术发展现状及战略思考[J]. 科学通报，2015（01）：40-47.

索引
INDEX

J

K

L

M

Z